集成电路科学与技术丛书

图解入门——半导体器件缺陷与失效分析技术精讲

[日] 可靠性技术丛书编辑委员会　主编

[日] 二川清　编著

[日] 上田修　山本秀和　著

李哲洋　于　乐　汪久龙　沈斌清

张欣然　张霖梦　魏晓光　译

机械工业出版社

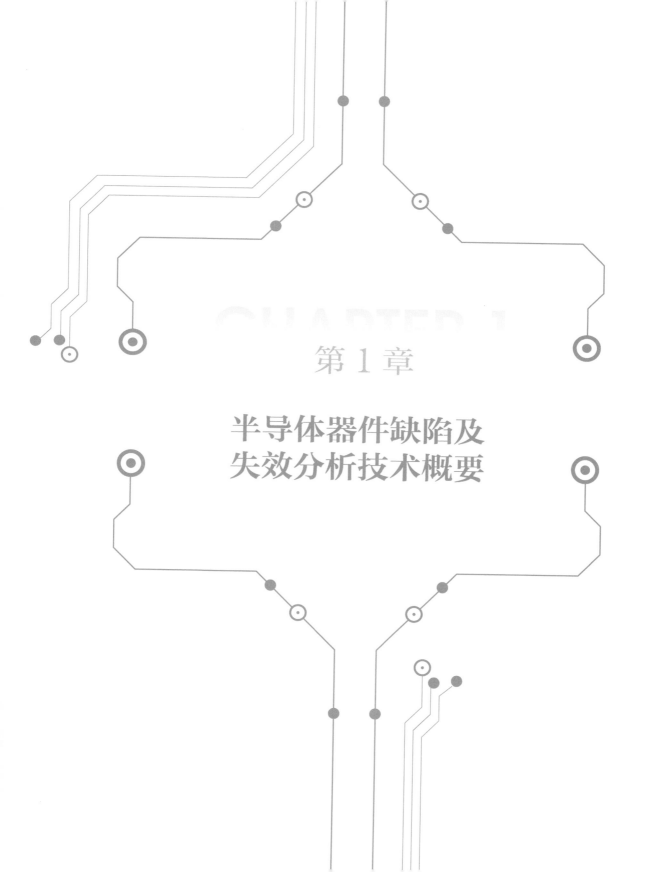

第1章

半导体器件缺陷及
失效分析技术概要

本章将首先阐述半导体器件失效分析技术的定位，以及缺陷分析技术的定位。

在失效分析技术的定位部分，将分为在可靠性技术中的定位和在半导体器件从研究开发到市场使用的流程中的定位进行说明。

在缺陷分析技术的定位部分，将先介绍半导体器件的制造工艺，然后介绍由制造工艺引起的器件缺陷，并对缺陷原因进行分析。

之后，将对用于失效分析的分析工具进行概要说明。届时，从以下5个方面对分析工具进行分类概述。

（1）电学分析法。

（2）异常信号、异常响应利用法。

（3）组成分析法。

（4）形态结构观察法。

（5）加工法。

1.1 失效分析的定位

▶▶ 1.1.1 失效分析在可靠性技术中的定位

图1.1显示了可靠性七大工具在可靠性建立、制造和使用阶段的定位。可靠性七大工具指的是可靠性数据库、可靠性设计技术、设计评审、FMEA（Failure Modes and Effective Analysis）／FTA（Fault Tree Analysis）、可靠性测试、失效分析、寿命数据分析七种方法。

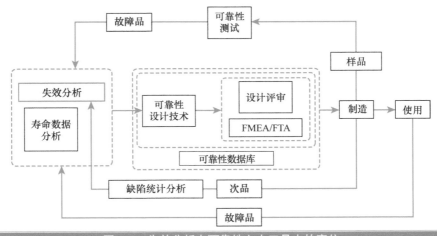

图1.1 失效分析在可靠性七大工具中的定位

可靠性数据库、可靠性设计技术、设计评审、FMEA/FTA 用于建立可靠性。从制造的产品中取样，进行可靠性测试。对在可靠性测试中失效的故障品，进行失效分析和寿命数据分析。对于在制造过程中出现缺陷的次品，将进行缺陷统计分析，有时还利用失效分析技术进行故障分析。对在使用中发生失效的故障品，则进行失效分析和寿命数据分析。

▶▶ 1.1.2 从研发到市场中失效分析的定位

图 1.2 显示了失效分析在研发、设计、原型、大规模生产、筛选和市场阶段中的定位。在研发、试制和批量生产过程中会发生失效，在进行可靠性测试时也会发生失效。在筛选中会发生早期失效。在客户的使用过程中会出现失效。对发生在这些阶段的缺陷和失效进行失效分析，并将分析结果反馈给相应的阶段，从而促进研发，提高成品率，提高可靠性和客户满意度。

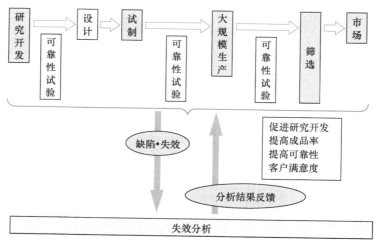

图 1.2 失效分析在研发、设计、原型、大规模生产、筛选和市场阶段的定位

1.2 缺陷分析的定位

▶▶ 1.2.1 半导体器件的制造工艺

半导体器件的制造工艺大致分为前道工艺和后道工艺。前道工艺是在半导体晶圆中制作元件的工艺，在器件制造商中也称为晶圆工艺。后道工艺也称为组装工艺或装配工艺，是将前道工艺制造的芯片封装在外壳中的工艺。

半导体晶圆由晶圆制造商制造，器件制造商购买。以前，器件制造商也在开发晶圆制造技术，但除了一部分开发外，目前都是分工化的。器件制造商提交采购规格书，从晶圆制造商那里购买晶圆。

表1.1显示了采购规格书中描述的主要项目，采购规格包括与晶圆形状相关的项目，以及与器件特性和成品率相关的晶体质量项目。在晶圆形状相关的项目中，对于LSI来说，与晶圆平整度有关的项目很重要，这些项目与小型化直接相关。在与晶体质量相关的项目中，与吸杂有关的项目很重要。另一方面，关于功率器件，小型化并不重要，决定耐压和导通电阻的电阻率很重要。

图1.3表示前道制造工艺，在晶圆表面形成杂质、绝缘膜，以及金属布线等图案。把在晶圆内部形成杂质结构和金属-氧化膜-半导体（MOS：Metal Oxide Semiconductor）结构的工艺称为前端，在晶圆上形成布线结构的工艺称为后端。对于LSI来说，随着照相制版技术的提高，如何形成精细的图案是最重要的课题。

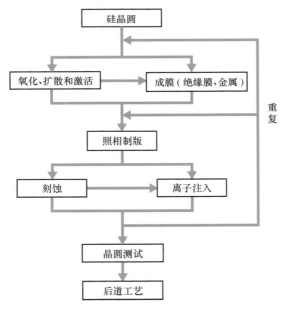

图1.3　前道制造工艺

图1.4表示后道制造工艺。在后道工艺中，首先通过切片切分芯片。使用镶有金刚石的刀片进行机械切割或使用激光切割。芯片测试是一种针对功率器件的测试。由于在晶圆状态下很难传导大电流，因此在芯片状态下进行测试。切断的芯片在通过焊锡或树脂进行贴片后，通过引线键合连接表面金属和封装侧的端子。封装侧的端子由金属板加工而成的

称为引线框架的薄板形成。使用模具进行树脂封装后，分别分离引线框架的端子，进行引脚折弯加工。

表 1.1 晶圆规格和对器件的影响	
晶圆规格	对器件的影响
晶圆直径	通过增加每片晶圆的芯片制备数量来降低成本
晶圆厚度	确保晶圆强度
凹槽（定位边）方位	适应生产设备，沟道方向
倒角形状	适应生产设备，抑尘，轮廓控制
表面抛光	镜面抛光为主
背面处理	吸杂、抑制外延生长的自掺杂效应（氧化膜），300mm 起镜面抛光
晶片厚度变化（TTV：Total Thickness Variation）	确保大致的平整度
晶片尺寸	
晶片平整度	确保步进光刻机性能
晶片合格率	
翘曲	对曝光机的吸附，对生产设备的适应
晶体制造方法	缺陷对策（COP）和器件特性的实现
导电类型	
晶面方向	器件特性的实现
电阻率	
颗粒	确保器件成品率
载流子寿命	确认有无内部污染
氧化引起的堆积缺陷	确认有无表面污染
氧浓度	基片内部析出物的密度管理（实现适度的 IG）
导电类型	
电阻率	
厚度	器件特性的实现
迁移率	
载流子寿命	确认有无内部污染
颗粒（含表面缺陷）	确保器件成品率
背面状态	确认有无异常生长

（形状：前14行；质量（基片）：导电类型～氧浓度；质量（外延层）：导电类型～背面状态）

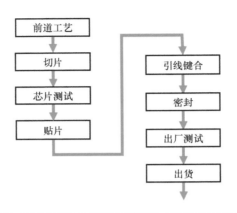

图 1.4　后道制造工艺

▶▶ 1.2.2　制造工艺引起的器件缺陷

半导体器件的缺陷是由晶圆、前道工艺和后道工艺造成的。LSI 中与工艺相关的器件失效主要是由晶圆和前道工艺的缺陷引起的，而功率装置中与工艺相关的器件失效，除了晶圆和前道工艺外，往往是由后道工艺的缺陷引起的。

由晶圆规格导致的器件缺陷包括由结构缺陷和晶体中的杂质引起的缺陷。结构缺陷包括位错、层错、微空洞和析出物，会导致器件失效，主要是漏电失效和耐压失效。

Si-CZ（CZochralski）晶体使用石英坩埚培育单晶。因此，氧气作为杂质被吸入 CZ 晶体，并在随后的晶圆和器件前道工艺的高温热处理过程中形成氧析出物。氧析出物在器件的活性层中存在时，会导致漏电失效。另一方面，如果它存在于活性层以外的区域，则充当吸杂位点，并且从活性层中去除在工艺过程中引入的杂质。过去使用选择性刻蚀来分析氧析出物，而最近，对于硅晶圆则使用红外线的测量方法。

晶圆平整度是照相制版技术最重要的要求。在使用电磁波的照相制版中，电磁波的波长越短，图像就越精细。另一方面，波长较短的电磁波的聚焦深度较浅。因此，晶圆的平整度是小型化的一个决定性因素。

前道工艺是一场与颗粒（异物）的斗争。颗粒会引起图案缺陷。颗粒测量在颗粒检测仪上进行。通过颗粒坐标定位功能对实际颗粒进行分析，以确定产生过程和设备，并进行改进。

LSI 前道工艺需要在 800~1000℃ 进行热处理。高温热处理直接关系到位错等晶体缺陷的产生以及杂质的导入。一直以来的设备开发，都是为了减少缺陷及杂质导入。功率器件以沟槽栅结构为主流，为了形成深 p 阱，要求进行更高的 1200℃ 的热处理。因此，产生缺陷和引入杂质的风险会大大增加。

在功率器件方面，后道工艺也很重要。功率器件是切换大电流的器件。因此，用于抑制温度上升的散热结构非常重要。一般来说，芯片的最高温度为 150～175℃。要求组成材料具有较低的热阻。

此外，在每次开关时，功率芯片会重复升温和降温。功率模块由热膨胀系数与芯片不同的物质构成，温度变化会产生较大的应力。确保在该应力作用下保持芯片的可靠性很重要。

▶▶ 1.2.3 **器件缺陷的原因分析**

器件缺陷可能发生在整个晶圆表面或特定区域（晶圆外围、特定方向等），也可能发生在单个芯片内的局部。如果发生在局部，则需要首先确定缺陷部位。

缺陷部位可以通过激光束加热电阻变动（OBIRCH：Optical Beam Induced Resistance CHange）法[*]、光束诱导电流（OBIC：Optical Beam Induced Current）法[*]以及光发射显微镜（EMS：Emission MicroScopy，PEM：Photo Emission Microscope）[*]等进行分析。

晶圆的结构缺陷可能单独发生在晶圆或芯片的制造工艺中，也可能是由于晶圆和芯片制造工艺的不兼容（协同作用）。晶圆表面和裸露断面可以通过选择性刻蚀法[*]进行简便的分析。更详细的缺陷结构分析可以用扫描电子显微镜（SEM：Scanning Electron Microscope）[*]或透射电子显微镜（TEM：Transmission Electron Microscope）[*]等通过电子束的测量方法或 X 射线成像技术（XRT：X-Ray Topography）[*]进行。

在晶圆制造和芯片制造工艺中引入的污染（杂质）可以通过使用 μ-PCD（Micro wave Photo Conductive Decay）[*]进行高灵敏度的电学测量。但是，μ-PCD 不能识别杂质种类。元素分析可以通过二次离子质谱分析法（SIMS：Secondary Ion Mass Spectroscopy）[*]、能量色散 X 射线光谱法（EDS：Energy Dispersive X-ray Spectroscopy）[*]等物理分析来实现。此外，在控制杂质污染的生产线管理方面，还可以使用电感耦合等离子体质谱分析法（ICP-MS：Inductively Coupled Plasma-Mass Spectroscopy）[*]或全反射 X 射线荧光分析法（TXRF：Total reflection X-Ray Fluorescence）等测量方法。

分析晶圆中的氧元素和碳元素是杂质分析环节的重要部分。晶圆中的氧是本征吸杂（IG：Intrinsic Gettering）[*]的重点要素。简便的氧元素分析使用红外吸收光谱测定法（FTIR：Fourier Transform Infra Red spectrometer）[*]，氧元素的深度分析则使用 SIMS。晶圆

---

[*] 参考 LSI 测试学会编著的《LSI 测试频带手册》。

中的碳元素会影响功率器件中限制载流子寿命的主要缺陷。光致发光（PL：PhotoLumines-cence）*法能有效分析晶圆中的碳元素。

作为工艺分析的一部分，器件结构分析对于分析器件缺陷的原因也是必要的。形状分析一般广泛使用 SEM。扫描探针显微镜（SPM：Scanning Probe Microscope）*对包括杂质分布在内的器件结构分析是有效的。原子力显微镜（AFM：Atomic Force Microscope）被用于表面形状测量。扫描电容显微镜（SCM：Scanning Capacitance Microscope）*被用来分析掺杂杂质的分布。

1.3 用于缺陷及失效分析的分析工具概要

在查看各个缺陷及失效分析的详细情况和事例之前，在此按功能分类概述失效分析技术。失效分析技术按基本功能分类，可分为电学分析法、异常信号/异常响应利用法、成分分析法、形态结构观察法，以及加工法。

下面几节将分别介绍这些功能。届时也将着眼于"利用了什么样的物理手段"进行整理。

▶▶ 1.3.1 电学分析法

关于电学分析法，参照表 1.2 进行概述。表 1.2 不仅概述电学分析法，还特别介绍了进行电学分析法时的辅助手段。另外，请注意，带 * 号的为处于开发阶段或尚未普及的产品。

前 4 种方法使用探针通过封装的引线或焊盘等来测量电学特性。波形记录仪主要用于测量多个端子之间的 DC 或 AC 电流、电压特性。LSI 测试仪是通过多个端子根据程序输入测试波形，将结果输出的信号与期望值进行比较，测量电源电流的变化。

通过测试电源电流的变化，来测定 LSI 的功能。示波器用于观测器件任意端子的动态信号波形。频谱分析仪用于观测信号的频率分量。

下面的微型金属探针和 SPM 用于连接 LSI 芯片上的电极并进行上述 4 个或特定目的的电学测量。微型金属探针的位置控制是用 SEM（Scanning Electron Microscope）看着真空中的 SEM 图像进行的，而 SPM 的位置控制是在大气中或真空中看着 SPM 图像进行的。

以下是 SEM 使用的 3 个主要功能。首先，利用二次电子观察电位对比的功能：VC（Voltage Contrast）。其次，利用电子束的电流注入，通过观测吸收电流（通过样品流入接

---

* 物质吸收光后，从再发射时的光谱中获取晶体质量、杂质水平和含量等的测量方法。

地端的电流）和流入金属探针的电流，观测注入电流的分支状态（即电阻值的分布）的功能：RCI（Resistive Contrast Imaging）或 EBAC（Electron Beam Absorbed Current）。最后是用于控制微型金属探针位置的显示器功能。

表 1.2　电学分析法/分析装置一览表

方法或装置		功能	物理手段		
			输入设备	观测对象	设备输出
通过封装端子、焊盘进行电学测量	波形记录仪	电流/电压特性测量	电信号	电位/电流	电信号
	LSI 测试仪	广泛的电学特性测量			
	示波器	测量电流/电压随时间的变化			
	频谱分析仪	观察信号的频率分量			
固态探针	微型金属探针	微小部位的电学测量用探针			
	SPM	电位/电流观测			
电位对比度等	SEM	VC	电位观测（利用电位对比度）	电信号/电子束	电位	二次电子
		RCI（EBAC）	电导通性观测（利用电流注入、吸收电流等）	电子束	电阻值	电流变化
		显示器	微型金属探针的位置控制用观测		形状/电位	
	FIB	电位观测（利用电位对比度、抗静电）	电信号/离子束	电位	二次电子
	EBT	电位观测（利用电位对比度）、动态观测			
电流路径观测	IR-OBIRCH	DC 电流路径观测	电压/电流/激光束	电流	电流/电压变化
	扫描 SQUID 显微镜	DC 电流路径观测	电压/电流		
无须外部电接触	扫描激光 SQUID 显微镜*	电导通性等观测（利用光电流）	激光束		磁场
	激光太赫兹发射显微镜*		飞秒激光束	光电流	THz 电磁波

FIB 采用了通过观测二次电子来获得电位对比度的功能，以及在观测中带电导致对比度不鲜明时，通过增加该功能来释放电荷，从而获得清晰对比度的功能。

其下的 EBT（电子束测试仪）增强了 SEM 的电位对比度功能，不仅可以进行静态电位观测，还可以利用频闪法进行动态电位观测。

以下两个是电流路径可视化的功能。IR-OBIRCH 法因具有以亚微米分辨率可视化 DC 电流通路的功能，所以用于 LSI 芯片上的观测。扫描 SQUID 显微镜具有几十 μm 的分辨率，主要用于封装部件电流路径的可视化。

以下两种是目前正在开发的，不需要从外部接触电极的电学观测法。两者都通过激光束在 LSI 芯片中产生光电流。扫描激光 SQUID 显微镜利用超灵敏的 SQUID 磁通计检测光电流产生的磁场。激光太赫兹辐射显微镜利用专用天线检测由脉冲电流产生的太赫兹（THz）电磁波。飞秒激光器用于产生脉冲光电流。由于 LSI 芯片上的断线和短路会改变磁场和 THz 电磁波的产生，因此有可能用于定位断线和短路部位的范围。

▶▶ 1.3.2　异常信号/异常响应利用法

下面参照表 1.3，介绍利用异常信号和异常响应的方法和装置。

首先，对于异常信号之一的发光，有进行静态检测的光发射显微镜（PEM）和进行动态检测的时间分辨光发射显微镜（TREM）。在 PEM 中，可以通过观测由于短路、断线等导致穿透电流流过 MOS 晶体管而引起的 MOS 晶体管的漏极部的发光，来检测短路、断线等。TREM 通过动态观测 MOS 晶体管在电路运行时漏极部的发光，实现信号传播的动态观测。

（IR-）OBIRCH 用于观察异常电流路径。EBT 用于观察异常电信号。

观测异常发热主要使用 3 种方法。液晶涂布法使用偏光显微镜观察涂在 LSI 芯片上面的液晶的温度相变，从而确定发热点（其上面的液晶正在向液相过渡）。另外两种方法则通过观测红外线来实现，分别是锁相热成像技术（LIT）和上述的 PEM 法。PEM 法如果使用高灵敏度的可观测到红外区域的显微镜，也能获得分辨率较好的观察结果。

利用异常响应的方法包括利用对光学加热的响应（OBIRCH，IR-OBIRCH，SDL（Soft Defect Localization））和利用光电流响应的方法（OBIC，LADA（Laser Assisted Device Alteration））。前者使用不产生光电流的波长为 1.3μm 的光，后者使用产生光电流的波长为 1.06μm 的光。

虽然静态光学加热的方法中使用 OBIRCH（包括 IR-OBIRCH 和使用可见光的 OBIRCH），但除了观测仅由布线部分构成的 TEG 以外，都使用 IR-OBIRCH。（IR-）OBIRCH 除了在 1.2 节中介绍的作为观测电流路径的手段外，还有如该表所示的多种利用方法。换言之，还可以用于检测由于布线等存在空洞，产生导热异常，布线、晶体管、电路的温度特性异常，高电阻引起的热电动势异常，金属、Si 之间短路引起的肖特基势垒异常等。

表 1.3　异常信号/异常响应利用法装置一览

要使用的异常信号/异常响应	方法或装置	可检测的缺陷	物理手段		
			对器件的输入	观测对象	来自器件的输出
异常信号　发光　静态	PEM	短路/断线等	电信号	载流子复合、制动辐射、热辐射	光
发光　动态	TREM	与时间相关的各种缺陷	动态电信号	漏极发光	
电流路径	OBIRCH（含 IR-OBIRCH）	引起 I_{DDQ} 异常的缺陷等	电信号/激光束	两端子间的电阻变化	电流/电压变化
电信号	EB 测试仪	引起电信号异常的所有缺陷	电信号/电子束	布线电位	二次电子
异常响应　芯片　发热	液晶涂布法	短路等	电信号/偏振光	液晶的温度相变	偏振光
发热	LIT　PEM	短路等	电信号	热辐射	红外线
温度特性异常　导热异常	OBIRCH（含 IR-OBIRCH）	空洞等	电压/电流/激光束（波长 633nm、1.3μm 等）	异常温度上升	电流/电压变化
布线		高电阻/短路等		电阻值温度系数	
晶体管		短路等		晶体管的温度特性	
静态　电路	IR-OBIRCH		电压/电流/激光束（波长 1.3μm）	电路温度特性	
热电动势异常		高电阻等		热电动势	
肖特基势垒异常		短路等		内部光电效应	
电场异常	OBIC	短路/断线等	电压/电流/激光束（波长 1.06μm 等）	光电流	
动态　相对于温度的边缘缺陷	SDL	影响边缘缺陷的缺陷	电压/电流/激光束（波长 1.3μm）	温度特性	电信号
相对于光电流的边缘缺陷	LADA		电压/电流/激光束（波长 1.06μm）	光电流	
封装　对封装内壁的异物冲击产生的超声波	PIND	中空封装内异物	振动	冲击产生超声波	超声波
封装类断线	TDR	封装类断线	高频脉冲	高频反射	高频脉冲

静态方法的最后是利用光电流进行短路、断线检测的 OBIC 法。使用 OBIC 法时需要注意的是，OBIC 反应部位不一定是缺陷部位。断线或短路会改变 OBIC 的反应部位。应参照电路和布局来寻找缺陷。

利用动态光学加热的方法包括被称为 RIL（Resistive Inter connection Localization）和 SDL（Soft Defect Localization）的方法。两者使用的工具相同，可根据目的（或结果）来区分名称。不过由于 SDL 在概念上更为宽泛，其概念是定位诸如高电阻位置、绝缘泄漏和时序余量等软缺陷的位置，因此本书主要使用 SDL 这一术语。在 LSI 芯片上扫描激光束的同时，将 LSI 测试仪的优劣判定结果与激光束的位置相对应，以黑白或模拟彩色的图像显示。

以上都是 LSI 芯片部件的失效分析法，最后两个是封装（PKG）类的分析法。第一种是检测中空封装（陶瓷封装或金属封装）内异物的方法，称为 PIND（Particle Impact Noise Detection）。通过振动封装部件来检测超声波，可以检测出内部有无悬浮异物。第二种是被称为 TDR 的方法，通过观测高频脉冲的反射，根据距离推算断线和短路部位的位置。

▶▶ 1.3.3　成分分析法

表 1.4 是成分分析法和分析装置一览表。不是专用装置的，列出基础装置名称。除了显示功能的概述外，还显示了入射到样品上的内容、要观察的内容以及样品输出的内容。

表 1.4　成分分析法和分析装置一览

方法或装置	基础装置	功能	物理手段			最高空间分辨能力
			对样品的输入	观测对象	来自样品的输出	
EDX（EDS）	SEM，TEM，STEM	元素识别		原子组成	特征 X 射线	约 1nm
EELS	TEM，STEM	元素识别：状态分析	电子束	原子组成/化学键态	非弹性散射电子	约 1nm
AES	专用装置	元素识别：极表面		原子组成	俄歇电子	约 100nm
SIMS	专用装置	元素、分子识别：极表面、深度方向	离子束	原子组成/分子组成	二次离子	约 100nm
3D-AP*	专用装置	元素识别：三维	电场/激光	原子组成	场致蒸发离子	约 1nm
显微 FTIR	专用装置	分子识别	红外线	分子组成	吸收光	约 1μm

＊　表示尚处于开发阶段或尚未普及。

以下按顺序进行说明。

在成分分析法中，最常用的是最初的 EDX 法（Energy Dispersive X-ray Spectroscopy：能量色散 X 射线光谱法），并结合 SEM、TEM（Transmission Electron Microscope，透射电子显微镜）或 STEM（Scanning TEM，扫描透射电子显微镜）法一并使用。通过使用能量色散 X 射线法光谱获得电子束射入时产生的特征 X 射线的光谱，并寻找元素固有的峰值，从而确定元素组成。

下面介绍的 EELS（Electron Energy Loss Spectroscopy：电子能量损失光谱学）是近年来投入使用的方法。通过将透射电子的能量损失作为光谱，不仅可以进行元素识别，还可以进行状态分析（例如，可以将 Si、SiN 和 SiO 的差异作为 Si 的光谱差异来进行识别）。

AES（Auger Electron Spectrometry：俄歇电子能谱）是一种由来已久的方法，根据照射电子束时产生的俄歇电子的光谱进行元素识别。因为俄歇电子露出样品外的区域很浅，所以可以进行极表面的分析。还可以利用 Ar 离子等在溅射的同时进行测量，开展深度分析。

SIMS（Secondary Ion Mass Spectroscopy：二次离子质谱分析法）也可以分析极表面。通过分析照射离子束时弹出的二次离子的光谱，可以识别元素和分子。在溅射的同时进行测量，开展深度分析。

下面介绍的 3D-AP（Three Dimension Atom Probe，三维原子探针）是将样品加工成微小的针状（局部半径在 100nm 以下），在针尖上施加电场使原子离子化而蒸发（电场蒸发），并利用位置敏感型检测器进行检测，通过对检测到信号所需的时间进行测量，从而获得 TOF（Time OF Flight）型质谱。用计算机处理后，三维显示元素分布。对于含有绝缘膜和半导体的样品，可以通过施加激光照射的触发来实现电场蒸发。

最后提到的显微 FTIR（Fourier Transform Infrared Spectroscopy：傅里叶变换红外光谱法）是利用红外光在分子中被吸收进行测量，由于分辨率不高，所以用于封装部件的异物等分子识别。

每种方法的最高空间分辨能力显示在表 1.4 的最右侧列。不仅是观测条件，根据样品的种类和形态，结果也有所不同，仅供参考。

▶▶ 1.3.4　形态结构观察法

表 1.5 列出了形态/结构观察方法/装置一览表。

前 3 种是使用可见光的方法。实体显微镜和金属显微镜利用普通的可见光，通过样品的形状和颜色来识别异常。在扫描样品的同时照射可见激光，通过放置在共焦点（反射光聚焦的位置）的针孔，用光电二极管检测反射光，得到图像的就是共焦点激光扫描显微镜（LSM：Laser Scanning Microscope）。实体显微镜虽然分辨率低，但可以进行立体观察，因此可用于封装部件的观察。金属显微镜和 LSM 由于分辨率高，被用于芯片部件的观察。另外，共焦点方式通过共焦点之后的针孔检测光，可以防止杂散光的检测，获得高分辨率和高灵敏度的图像。

表 1.5　形态/结构观察方法/装置一览表

方法或装置	功能	物理手段		
		对样品的输入	观测对象	来自样品的输出
实体显微镜	封装部件的观察	可见光	形状/颜色	可见光
金属显微镜	芯片部件的观察			
共焦激光扫描显微镜		可见激光		
红外显微镜	从芯片背面进行观察	红外线	形状	红外线
共焦红外激光扫描显微镜		红外激光		
SEM	封装或芯片部件的观察	电子束		二次电子
EBSP	晶体结构观察（基于 SEM）		晶体结构	反射电子
TEM			形状/结晶结构	透射电子
STEM	芯片部件的观察		形状	
SIM		离子束	形状/结晶结构	二次电子
纳米级 X 射线 CT*	芯片内部的无损观察	X 射线	形状	透射 X 射线
X 射线透视法				
X 射线 CT	封装内部的无损观察			
扫描超声波显微镜		超声波	形状/剥离	反射超声波

* 表示尚处于开发阶段或尚未普及。

接下来的两种方法使用红外光，可以从芯片的背面观察。特别是共聚焦红外激光扫描显微镜（IR-LSM）作为 IR-OBIRCH 方法的基础装置被广泛使用，有时也被用作光发射显微镜的基础装置。

下面的 4 种方法通过照射电子束来观测形状和结构。SEM 检测电子束扫描时产生的二次电子得到图像。EBSP（Electron Backscatter DiffractionPattern）或 EBSD 是根据照射电子束时反射电子得到的衍射信息（被称为菊池花样），在照射点上识别每个结晶方位并进行映射的方法。TEM 和 STEM 使用透射电子，但 TEM 不仅提供几何形状的信息，还通过电子衍射提供晶体结构信息。在 STEM 中使用聚焦电子束进行扫描，可以得到反映了不包含衍射信息的形状和组成的图像。近年来，由于仅以高空间分辨率观察形状为目的的观测较多，因此 STEM 专用装置也被广泛使用。另外，还可以根据与 X 射线 CT（Computed Tomography）法同样的原理，用 CT 三维化观察 TEM 图像。

SIM（Scanning Ion Microscope：扫描离子显微镜）是 FIB 装置的观测功能。检测照射离子束时产生的 2 次电子（和 2 次离子）得到扫描图像。与电子束图像（SEM 像）相比，能够得到更强的反映晶体结构和材料差异的对比度。

最近开发出了几十纳米数量级的 X 射线 CT（计算机断层扫描），有可能将其用于芯片分析。

以上（除去最初的实体显微镜）是 LSI 芯片的观察用方法。下面看看无损观察封装内部的方法。

首先，使用 X 射线的方法有通常的 X 射线透视法和 X 射线 CT 法。用普通 X 射线透视法看不到的异常也可以用 X 射线 CT 三维化观察，从而降低漏掉异常部位的概率。

下一个扫描超声波显微镜是一边扫描超声波，一边将反射回来的超声波成像进行观察的方法。利用超声波在固体和气体的界面反射时发生相位反转的性质，可以有效地检测剥离和裂纹。

▶▶ 1.3.5　加工法

在进行失效分析时，几乎总是需要进行某种加工。表 1.6 列出了常用的加工方法。

表 1.6　加工法/装置一览表

功能	方法或装置	使用的化学品和材料	利用的现象
封装的切割/研磨		磨料等	机械研磨等
树脂密封封装的开封	手动开封/自动开封	发烟硝酸等	化学分解反应
气密密封封装的开封		镊子/研磨机等	机械变形/研磨等
芯片的（平面/截面）磨削/研磨		磨料等	机械研磨等
	利用 FIB	镓离子源等	离子溅射等
损伤层清除	低加速 FIB/Ar 束	Ga/Ar 离子源等	
去除芯片上的绝缘膜	RIE	SF_6 等	物理化学等离子体刻蚀
芯片上的电路修正	利用 FIB	辅助气体等	金属/绝缘膜沉积

前 3 个与封装部件的加工有关。在封装部件可能有异常的情况下进行封装的切割和研磨。通过嵌入树脂等来硬化周围区域，通过切割接近要观察的区域，并通过研磨进行详细定位。

在对芯片部件进行观测时，为了露出芯片的表面或背面，要开封封装部件（部分去除）。在树脂密封封装的情况下，通过用发烟硝酸或热浓硫酸（或其混合物）溶解树脂来暴露芯片部件。如果是陶瓷 PRG 或者金属 PRG 的情况下，使用镊子或者研磨机机械性地去除盖子上的陶瓷或者金属。

为接近芯片部件的缺陷，要进行平面磨削、研磨或截面磨削、研磨。

使用磨削、研磨器时，一边逐渐细化磨料的粗糙度并在显微镜下确认，一边实施。

使用 FIB 装置时，也要在逐渐细化离子束粗细的情况下进行最终加工。如果在通常的加速电压（30kV 左右）条件下进行 TEM 的样品制作，则会在表面产生损伤（非晶层等），因此为了进行高精度的观测，还需要用低加速的 Ga 离子和 Ar 离子进行溅射，从而将其（前面提到的表面损伤层）去除。

想在芯片上只去除绝缘膜时，可使用 RIE（反应性离子刻蚀）法。

芯片上电路的修正是为了接通用于电学测量的电极，或者为了修复故障。FIB 不仅可用于磨削，也可以用于沉积。通过一边通入各种辅助气体，一边照射 FIB 来进行金属膜和绝缘膜的沉积。

专栏：NANOTS 的成立与更名

目前（2019 年）在日本召开的研究会和研讨会上，关于半导体器件失效分析发表最多的是"纳米测试研讨会（NANOTS）"。

在此介绍一下 NANOTS 的成立过程以及后来更名的经过。

根据前任运营委员会委员长、大阪大学名誉教授藤冈弘的报告（1）：该研讨会的前身，即公开学术讲座"频闪扫描电子显微镜和半导体元件的应用"于 1979 年和 1980 年两次举办，当时大阪大学的教授里克己先生和藤冈弘先生进行了演讲和现场演示。

1981 年，由学振 132 委员会（日本学术振兴会带电粒子束在工业中的应用第 132 委员会）主办的"频闪 SEM 及其应用"研讨会也围绕 SEM 相关技术进行了公开发表。

从 1982 年到 1993 年，随着"电子束测试"这一名称已经在世界范围内固定下来，该组织沿用了这一名称。但是随着电子束测试的普及，研讨会中的相关研究发表数反而减少，1987 年以后与 FIB 相关，加上 1989 年以后与光束相关，到 1994 年为止的所有研究发表件数中关于电子束的发表数降到了 50%，那年组织也正式更名为"LSI 测试研讨会"。

此后，由于除 LSI 外，关于功率设备分析的报告数量增加，该研讨会在 2013 年更名为"纳米测试研讨会"。

▶▶ 第 1 章参考文献

［1］　鈴木和幸編著 :『信頼性七つ道具』, 日科技連出版社, 2008 年.

コラムの参考文献
［1］　藤岡弘 :「EB テスティングシンポジウムから LSI テスティングシンポジウムに」, 日本学術振興会荷電粒子ビームの工業への応用第 132 委員会第 128 回研究会(LSI テスティングシンポジウム)資料, pp.1-4, 1994 年.

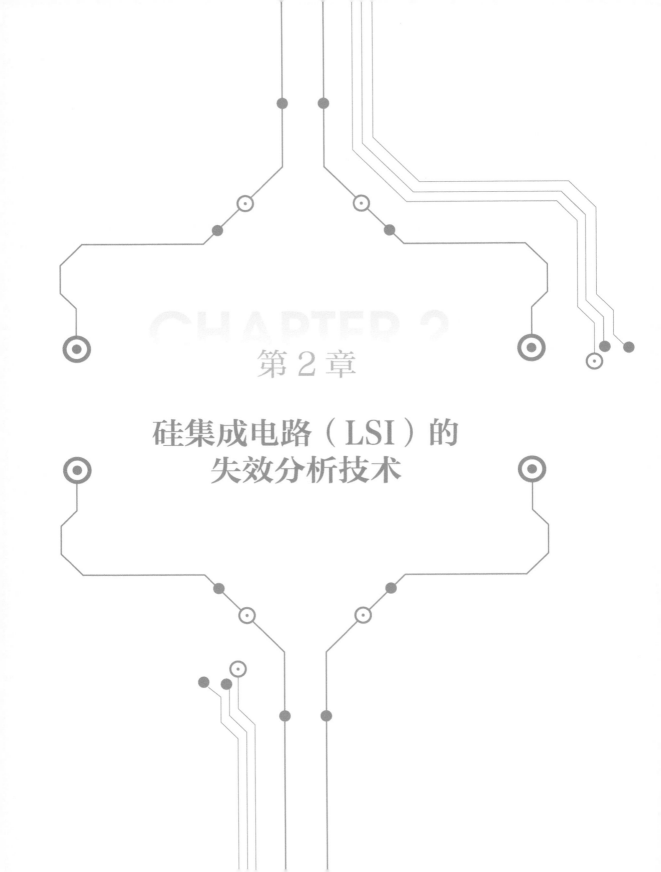

第 2 章

硅集成电路（LSI）的
失效分析技术

2.1 失效分析的步骤和近 8 年新开发或普及的技术

失效分析的步骤概要如图 2.1 所示，失效分析可在各种场合进行，但步骤基本相同。

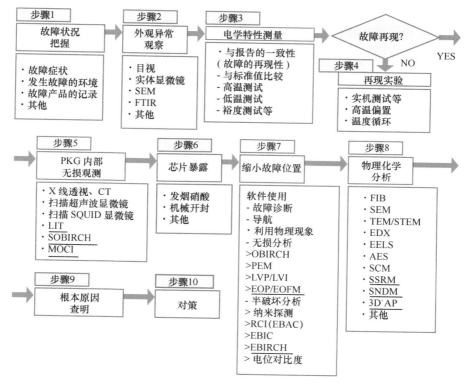

缩写的完整拼写，对应的中文等请参照"第 2 章缩略语表"

图 2.1 失效分析步骤

步骤基本是从整体到详细，从无损分析到破坏分析。如果有大量相同症状的失效产品，统计分析也是有效的，但这里不涉及统计方法。

各步骤的详细内容请参考参考文献［1］的 2.2 节"失效分析的步骤"。

本章主要讨论的是步骤 5、7、8。

在过去 8 年中新开发或推广的技术得到重视。9 项技术在这 8 年间加入了失效分析技术的行列。后面将对各个技术进行说明。

2.2 封装部件的失效分析

表 2.1 列出了用于封装部件失效分析的主要方法/设备。显示了主要功能/目标，输入或照射到样品的内容，观察到的内容以及输出的内容。另外，还记录了样品的环境和空间分辨率。由于空间分辨率取决于许多条件，因此应仅将其视为参考。

下面介绍各个主要的方法/装置。

▶▶ 2.2.1 X 射线透视、X 射线 CT（计算机断层扫描）

在 X 射线透视和 X 射线 CT（计算机断层扫描）中，用 X 射线照射样品，根据透射的 X 射线的强度观察样品的内部结构（形状）。样品在空气中表现良好，最高空间分辨率能达到 1μm 的数量级。

表 2.1　封装部件失效分析的主要方法/装置一览表

方法或装置	功能/目的	物理手段			样品的环境	空间分辨率（数量级）
		对样品的输入	观测对象	来自样品的输出		
X 射线透视法 X 射线 CT	封装内部的结构观测	X 射线	形状	透射 X 射线	空气	约 1μm
扫描超声波显微镜		超声波	形状/剥离	反射超声波	水	约 10μm
扫描 SQUID 显微镜	电流路径观测	电流	电流引起的磁场	磁场	空气	约 10μm
LIT	检测发热位置	强度调制电压	发热位置	强度调制红外线	空气	约 1μm
SOBIRCH	电流路径观测	超声波	电流路径	加热引起的电阻变动	水	约 100μm
MOCI	电流路径观测	直线偏振光	电流引起的磁场	法拉第效应下旋转的偏振光	空气	约 10μm

与 X 射线透视相比，X 射线 CT 可以观测到微小的缺陷，但是长时间的 X 射线照射会影响晶体管的特性，因此使用时需要注意。

▶▶ 2.2.2 扫描超声波显微镜

扫描超声波显微镜是一种利用超声波无损地观察样品内部结构的方法。将样品放入水中照射超声波束，检测样品的超声波反射。通过扫描样品获得图像，超声波频率为 15~300MHz，75MHz 时空间分辨率为 40μm 左右。在固体/气体界面的反射中相位会反转，因此与 X 射线透视相比，剥离和裂纹更容易检测。

2.2.3 扫描 SQUID 显微镜

扫描 SQUID 显微镜利用超高灵敏度的磁通计 SQUID（Super conducting Quantum Interference Device：超导量子干涉元件）观测电流产生的磁场。就磁场强度而言，其灵敏度约为皮特（pT）级（比地磁低 8 个数量级）。

通过扫描 SQUID 显微镜下的样品获得磁场图像。通过对磁场进行傅里叶变换得到电流图像。从电流路径可以锁定短路位置。据报道，当前图像的空间分辨率约为几十微米。

2.2.4 锁相热成像（LIT：Lock-In Thermography）[2]

由于 LIT 具有可精确到几微米的空间分辨率，它在一定程度上不仅可以用来分析封装，还可以用来分析芯片部件。因为可以从封装状态开始分析，所以放在本节介绍。图 2.2 为说明其结构和观测示例。根据制造商的不同，它的称呼不同，一般被称为锁相热成像或热

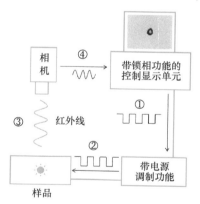

(a) 结构示例

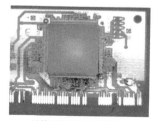
不使用锁相法的情况

使用锁相法的情况

(b) 不使用锁相法的情况和使用锁相法的情况的图像比较示例

图 2.2 锁相热成像的结构和观测示例

锁相法。（a）图中显示了结构示例。①是用于锁相法的基准信号；②是按该基准信号的频率调制的电源电压；③是从发热部分发出的调制红外线；④是红外相机检测结果的调制电信号。该信号由锁相放大器检测，并显示图像，从而得到一个具有更高信噪比的图像。（b）图显示了通过锁相法获取红外照相机拍摄图像的情况与不使用锁相法的情况之间的比较。可知有明显的差别。

▶▶ 2.2.5 SOBIRCH（ultraSonic Beam Induced Resistance CHange）[3-5]

SOBIRCH 是 OBIRCH 的超声波束版本。换言之，用超声波光束加热时的电阻变动成像。如图 2.3（a）所示，在 OBIRCH 中，如果不开封封装，则不能观测芯片部件，但在 SOBIRCH 中，可以从封装外观测芯片部件。

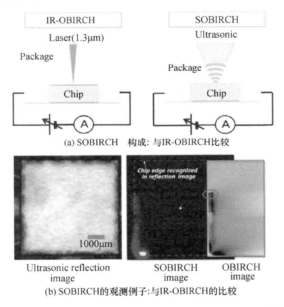

（a）SOBIRCH 构成：与IR-OBIRCH比较

（b）SOBIRCH的观测例子：与IR-OBIRCH的比较

图 2.3 **SOBIRCH** 的结构和观测示例

图 2.3（b）展示了在 QFP 封装中的微控制器芯片中，观察到电源接地短路的样品示例。SOBIRCH 是在封装未开封的状态下进行观测，OBIRCH 则是去除树脂后进行观测。OBIRCH 图像中圈出的区域是短路部位。由此可见，虽然 SOBIRCH 图像的空间分辨率较差，但通过树脂（500μm 厚）可以观测到与 OBIRCH 图像几乎相同的电流路径。

▶▶ 2.2.6 MOCI（Magneto Optical Current Imaging）[6-9]

MOCI 在观测电流引起的磁场这一点上与扫描 SQUID 显微镜相同，但检测磁场的原理不同。使用了被称为法拉第效应的磁光效应。

发明者最初根据基础的 EOFM 设备使用了 MOFM（Magneto Optical Frequency Mapping）这一名称，但是由于 MOCI 更加符合实际的原理和目的，现已更名。所以本书也使用 MOCI 这一名称。

图 2.4 展示了原理和观测示例。如图 2.4（a）所示，磁场的方向和强度在 MO 晶体上来回改变偏振的方向和角度。磁场图像是通过扫描偏振光获得的，并以明暗或模拟彩色图像显示这种旋转的方向和角度。由于使用了锁相放大器，可以获得强度和相位图像。

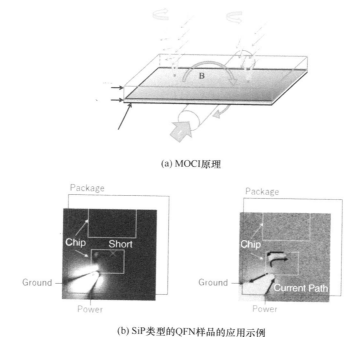

(a) MOCI原理

(b) SiP类型的QFN样品的应用示例

图 2.4　MOCI 的原理和观测示例

图 2.4（b）是对 SiP（System in Package）类型的 QFN（Quad Flat No-leads package）样品的应用示例。电源与接地端之间存在短路，电阻值为 6Ω。原本的树脂厚度为 $800\mu m$，但由于无法确定电流路径，因此将树脂厚度削减到 $640\mu m$，得到了图 2.4（b）所示的电流路径图像。

2.3　芯片部件失效分析过程和主要失效分析技术一览

图 2.5 展示出了芯片部件的失效分析过程。

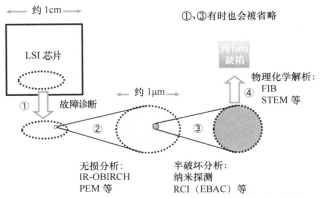

缩写的完整拼写、对应的中文等请参照"第2章缩略语表"

图 2.5　芯片部件失效分析步骤

在步骤①中，使用故障诊断方法，从整个芯片定位到芯片的一部分。故障诊断方法只使用 LSI 测试仪的测试结果和软件，用于定位故障位置。本书中不涉及其具体内容。步骤②中通过 IR-OBIRCH（InfraRed Optical Beam Induced Resistance CHange）等无损分析方法定位至 μm 级。步骤③为纳米探测等半破坏检测方法，可定位到 10nm 的数量级。在步骤④中，进行 FIB（Focused Ion Beam，聚焦离子束）等的断面和打磨的预处理后，进行 STEM（Scanning Transmission Electron Microscope，扫描透射电子显微镜）等物理化学分析。

请注意每个步骤，包括尺寸都是典型例子。

芯片部件的分析方法如图 2.6 所示。在下一节之后进行各个方法的说明。

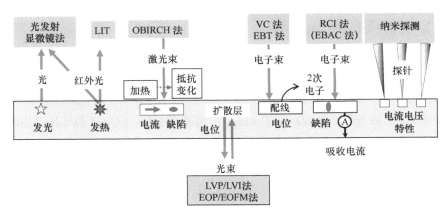

缩写的完整拼写、对应的中文等请参照"第2章缩略语表"

图 2.6　芯片部件的分析方法一览

2.4 芯片部件的无损分析方法

芯片部件的无损分析方法、装置的整体情况如表 2.2 所示。常用的方法有 IR-OBIRCH、光发射显微镜。对于动态状态的观测，使用 EOP/EOFM（Electro Optical Probing/Electro Optical Frequency Mapping）和 LVP/LVI（Laser Voltage）Probing /Laser Voltage Imaging）。在没有其他手段时，也使用 EBT（Electron Beam Tester：电子束测试仪），但使用频率很低。

以下对各个主要的方法、装置进行说明。

表 2.2　用于 LSI 芯片上故障部位定位的主要无损方法/装置一览表

方法或装置	功能	物理手段			样品的环境	从芯片背面分析	最高分辨率（数量级）
		对样品的输入	观测对象	来自样品的输出			
IR-OBIRCH	电流路径可视化 各种缺陷的检测	电信号/激光束	电阻变化	电流变化 电压变化	空气	容易实现	约 1μm
光发射显微镜	异常发光部位的检测	电信号	载流子复合制动辐射 热辐射	发光			
EOP/EOFM（LVP/LVI）	工作状态下晶体管的观测（波形、图像）	电信号/光束	载流子密度随时间的变化	反射光			
电子束测试仪	配线电位的直接观测	电信号/电子束	电位	二次电子	真空	大量的预处理工作	约 100μm
故障诊断	从 LSI 测试仪的测量结果和 LSI 设计数据中锁定故障位置	—	—	—	—	—	单一网络

▶▶ 2.4.1　IR-OBIRCH 装置

OBIRCH（InfraRed Optical Beam Induced Resistance CHange）法的基础是激光束加热。使用波长 13μm 激光的 OBIRCH 被特指为 IR-OBIRCH。现在使用的 OBIRCH 大多是 IR-OBIRCH。这里对 IR-OBIRCH 装置可能实现的功能进行整体说明。通过使用 IR-OBIRCH 装置还可以看到 OBIRCH 效应（加热引起的效应）以外的现象，因此称为 "装置"。

1. IR-OBIRCH 的基础

在进入详细说明之前，先看一下表 2.3 中 IR-OBIRCH 装置所能实现的主要功能。主要功能是电流路径的可视化、检测空洞和析出物、检测高阻位置、检测肖特基结位置以及检测电路或晶体管的异常温度特征反应。除了检测肖特基结位置以外的功能是激光器加热作用的效果。电流路径的可视化是通过仅在激光照射电流路径时发生电阻变化，从外部检测电流或电压的变化来实现的。检测空洞和析出物的原理，则是由于这两种缺陷的存在会导致激光束照射时的温度高于正常温度，从而可以被检测到。检测高电阻位置有两种原则。一种是通过高电阻过渡金属合金显示出的负 TCR（Temperature Coetficient of Resistance，电阻的温度系数）进行检测；另一种是通过高电阻位置两端热电动势电流的流动方向相反进行检测。肖特基势垒可以通过观察内部光电效应引起的电流流动来检测。还可以检测出由于电路或晶体管的温度特性异常而产生的影响。

表 2.3 IR-OBIRCH 装置可实现的主要功能一览

功能	激光的作用	异常检测机制
电流路径可视化		仅在激光照射电流路径时电阻变化
检测空洞和沉淀物	加热	比正常部位温度上升幅度大
检测高电阻位置		高电阻过渡金属合金的负 TCR
		热电动势效应
检测肖特基结的位置	载流子激发	由于肖特基势垒引起的内部光电效应
检测电路的异常温度特性响应	加热	由于电路局部过热导致的异常响应
检测晶体管的异常温度特性响应		由于晶体管局部过热导致的异常响应

图 2.7 是 OBIRCH 的结构示意图。OBIRCH 是一种可视化的方法，用于显示由于激光

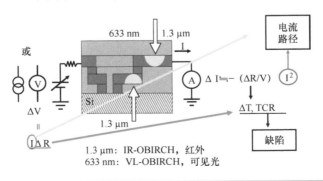

图 2.7 OBIRCH 的结构概要

束照射加热而引起的电阻变化。为了检测电阻变化，有两种方法：如图所示的施加恒定电压以检测电流变化的方法，以及通过施加恒定电流来检测电压变化的方法。哪种方式比较好，取决于很多因素，最好事先准备好两种方式，边比较边观察。

OBIRCH 效应（OBIRCH 中的加热效应）描述如下。施加恒定电压时的电流变化值和施加恒定电流时的电压变化值包括电阻变化项和电流项，如图中的公式（从欧姆定律推导出）所示。由于电流项的存在，电流路径可以被可视化。电阻变化项包括温升项和 TCR 项，因此造成温升异常的缺陷和有 TCR 异常的缺陷可以被可视化。通常使用 1.3μm 的激光波长。

使用 1.3μm 波长的理由如图 2.8 所示。首先，当使用波长为 1.3μm 的光时，其特征在于可以穿透 Si 衬底。其次，具有不产生光电流的特点。在使用 OBIRCH 初期（20 世纪90 年代前半期），以布线 TEG（Test Element Group：测试专用结构）为对象，使用 633nm 波长的激光，从芯片表面进行观测。当用波长约为 1.1μm 或更短的激光照射实际器件（即不是布线 TEG）时，会产生光电流，从而屏蔽 OBIRCH 效应（激光加热引起的电阻波动效应）。由于 1.3μm 波长的光不会在 Si 衬底中产生光电流，所以 OBIRCH 效应不被屏蔽。虽然使用 633nm 波长的激光时可以在无偏置的条件下检测出热电动势效应，但在1.3μm 的波长下则不需要考虑光电流带来的干扰。通过使用 1.3μm 的波长，可以观察到肖特基势垒中的内部光电效应，而不会受到光电流的屏蔽阻碍。

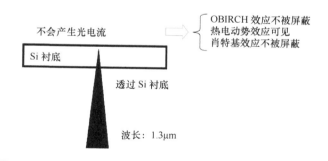

图 2.8   使用 1.3μm 波长的原因

图 2.9 显示出光的透射率与波长的关系。透射率也与杂质浓度和 Si 厚度有关，这里展示的只是大致的趋势。首先，在波长 1.0μm 或更小时几乎没有透射率。1.0μm 以上，透射率迅速增大，最大值在 1.1μm 至 1.2μm 之间，然后随着波长的增大逐渐减小。

图 2.10 显示了早期用于 OBIRCH 的波长为 633nm 的光产生光电流的原因是波长为633nm 的光的能量为 1.96eV，大于 1.12eV 的带隙。

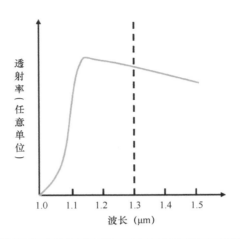

图 2.9　Si 材料中光透射率与波长的关系简图

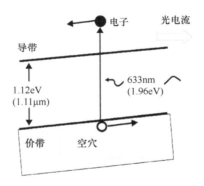

图 2.10　633nm 波长下产生光电流的原因

　　因此，当 Si 被 633nm 光照射时，会产生电子-空穴对。如果在产生电子-空穴对的地方没有施加电场，就会复合而不产生光电流。当从外部对产生电子-空穴对的地方附近施加电场时，电子-空穴对会因外加电场而漂移，产生光电流。即使没有外加电场，在 PN 结或有杂质浓度梯度的地方也会存在内建电场，使得电子-空穴对漂移，从而产生光电流。

　　使用 633nm 波长的 OBIRCH 可以有效地用于布线 TEG，但是用于实际器件时会受到光电流的干扰。情况如图 2.11 所示。图 2.11（a）中的电流变化图像应同时显示光电流效应和 OBIRCH 效应，但图 2.11（a）中显示的电流路径在这里不可见，只能看到由于光电流而产生的明亮对比度。这是因为光电流信号比 OBIRCH 效应信号强，所以光电流信号屏蔽了 OBIRCH 效应信号。就像在白天的阳光下看不到星星一样。

(a) 电流变化图像　　　　　　　(b) 光学图像

图 2.11　光电流屏蔽 OBIRCH 效应：633nm，从表面观察

图 2.12 可以说明当使用 1.3μm 的波长时，不产生光电流的理由。波长为 1.3μm 的光的能量为 0.95eV，小于 Si 的带隙能量 1.12eV，也小于杂质能级间距 1.03eV，因此不产生电子-空穴对，也不产生光电流。

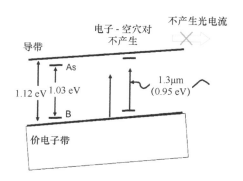

图 2.12　1.3μm 波长下不产生光电流的原因

图 2.13 显示，当使用波长为 1.3μm 的激光时，光电流不会屏蔽 OBIRCH 效应。图 2.13（a）中的电流变化图像中没有光电流信号，可以看到由于 OBIRCH 效应而导致的电流路径（黑色对比度）和负 TCR 位置（白色对比度）。

2. 基于 IR-OBIRCH 的实际器件电流路径可视化

图 2.14 显示了世界上首次证明使用 IR-OBIRCH 可以在实际器件（非布线 TEG）中分析异常电流路径和短路位置的实验结果。FIB 造成短路缺陷。显示了可以从整个芯片中定位异常电流路径及其根源的短路缺陷位置。

(a) 电流变化图像   (b) 光学图像

图 2.13   不屏蔽光电流引起的 OBIRCH 效应：1.3μm，背面观察

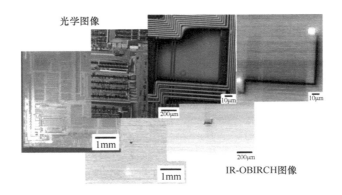

图 2.14   实际器件中的异常电流路径和短路位置分析演示：世界首次（1996）

3. OBIRCH 检测空洞和析出物

图 2.15 显示了世界上第一个证明电流路径和空洞可以用 OBIRCH 进行可视化的实验结果。该样品是单条配线的电迁移测试 TEG。在此之前，还没有一种方法可以在附着钝化膜的情况下，无损地检测出电迁移测试中产生的空洞位置。使用 OBIRCH 首次实现了这一点。查看图 2.15（a）中的 OBIRCH 图像，可以看出有许多黑色对比点。从这些区域中选取的 OBIRCH 图像对比度强，但图 2.15（b）所示的光学图像中没有显示出对比度的区域（在照片中圈出），用 FIB 进行切片并观察剖面。图 2.15（c）显示了结果的剖面 SIM（Scanning Ion Microscope，扫描离子显微镜）图像。可以看出布线的底部存在微小的空洞。

使用 OBIRCH 不仅可以检测出空洞，还可以检测出析出物。图 2.16 是世界上首次用 OBIRCH 将 Al 中的 Si 析出可视化表示的实验结果。样品为 Al-Si 布线。图 2.16（a）的 OBIRCH 图像与通常使用的图像在颜色上黑白颠倒。在黑色圆圈所示的地方，可以看到微细结构中的异常对比度。图 2.16（b）是图 2.16（a）中的相同区域，由 SEM 在相同的放大倍数下从表面观察后得到的图像。没有发现特别的异常，所以用 FIB 对图 2.16（b）左侧 1 至 11 所示的部分进行了切片，并在 SMI 图像中观察。如图 2.16（c）所示，在第三和第十个剖面上观察到 Si 析出。

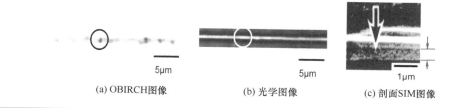

(a) OBIRCH图像   (b) 光学图像   (c) 剖面SIM图像

图 2.15　OBIRCH 中电流路径和空洞的可视化演示：世界首次（1993）

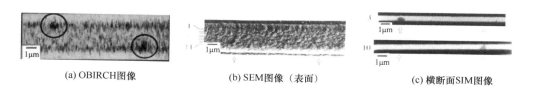

(a) OBIRCH图像   (b) SEM图像（表面）   (c) 横断面SIM图像

图 2.16　OBIRCH 将 Al 中的 Si 析出可视化实证：世界首次（1995）

使用 OBIRCH 不仅在简单的布线中，而且在多层布线的通孔下也能检测出空洞。图 2.17 展示出了使用 OBIRCH 将通孔下的空洞可视化的示例。样品是直线状的通孔链（用通孔交替连接 2 层上下布线而成）。电迁移测试的结果如图 2.17（b）所示，用 FIB 取出 OBIRCH 图像中对比度最强地方（图 2.17（a）的黑圆部分）的截面，观察得到的 SIM 图像。在图 2.17（b）中，通孔下方形成了一个大的空洞。即使这些大的空洞也很难用 OBIRCH 以外的方法进行无损检测。该空洞还形成在没有电流流动的地方（通孔下左侧）。这种空洞是由应力梯度产生的。有关详细说明，请参阅参考文献［1］中图 1.21 的描述。

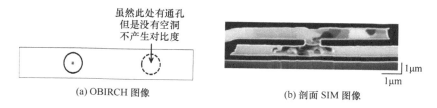

(a) OBIRCH 图像   (b) 剖面 SIM 图像

图 2.17　OBIRCH 中通孔下空洞的可视化

OBIRCH 的空间分辨率被限制在亚微米级，因为它使用的是光，但如果在不要求分辨只要求检出的情况下，甚至能检测出更小的空洞。图2.18展示出了使用OBIRCH检测几十nm的小空洞的示例。样品是通孔链TEG，长度为20mm，布线宽度为100nm，导线间距为1μm。图2.18（a）的OBIRCH图像整体呈现灰色，可以看见许多微细结构的黑点。图2.18（b）是用FIB取出的其中一个剖面（黑色圈出），并通过SEM图像观察。

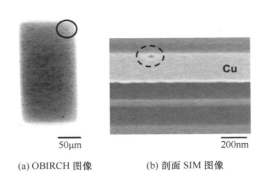

(a) OBIRCH 图像　　　　　　(b) 剖面 SIM 图像

图 2.18　OBIRCH 中铜布线中极微小（数十 nm）空洞的可视化示例

可以看出，几十nm的小空洞的可视化是能够实现的。另外，在该TEG中，布线宽度为100nm，但布线间距加宽至1μm。OBIRCH图像使得布线之间的分辨成为可能。

4. 利用 IR-OBIRCH 的负 TCR 检测高电阻位置

在使用OBIRCH定位故障位置时，可能会看到白色的对比区域。在这些地方通常形成高电阻过渡金属合金。图2.19（a）展示出了在OBIRCH中将高电阻部分可视化为白色对比度的机制。在过渡金属合金中，电阻率与TCR（电阻的温度系数）负相关。当电阻率为100~200μΩ·cm或更高时，TCR变为负值。在LSI的故障部位，高电阻的地方，Ti和Ta等过渡金属的合金大多处于异常状态，呈现出负的TCR。在通常的OBIRCH装置设定中，

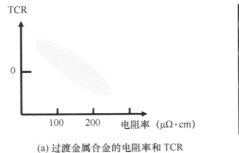

(a) 过渡金属合金的电阻率和 TCR

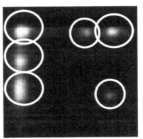

(b) OBIRCH 图像

图 2.19　高电阻处显示白色对比度的原因和示例

正的 TCR（Cu 和 Al）显示为黑色，因此负的 TCR 的位置显示为白色。图 2.19（b）是由于 Ti 形成了非晶状态的高电阻合金，而以白色对比度表示的例子。

图 2.20 是世界上首次证实了使用 IR-OBIRCH 可以实现实际器件的高电阻部分可视化的实验结果。使用实际器件通过 FIB 制造了短路缺陷。在图 2.20（a）的光学图像中，五根导线从右上角延伸到左下角。其中两个位置（被黑色圆圈包围的部分）使用 W 沉积功能（指通过沉积 W（钨）修补电路的功能）进行处理，使电源和接地短路。

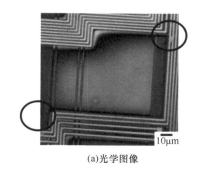

(a)光学图像   (b) IR-OBIRCH图像

图 2.20   IR-OBIRCH 上的实际器件高电阻位置可视化：世界首次（1996）

右上的短路处也可以通过图 2.20（a）的光学图像看到。在电源和接地端之间观察到的图 2.20（b）的 IR-OBIRCH 图像中，短路可以可视化为白色对比度。FIB 沉积的 W 部分被认为是 Ga，O，C 等元素的合金。考虑到由图 2.19（a）所示的相关性显示负 TCR，客观上解释了为何会出现白色对比度。

图 2.21 是世界上首次证实了使用 OBIRCH 在 TEM 水平上才能进行解析的高电阻部分可视化的实验结果。该 TEG 由两层 Al 布线组成，通过 Al 通孔连接，形成通孔链。如图 2.21（a）所示，在显示正常电阻的情况下，可以看到黑色的电流路径（虽然由于放大倍数低，几乎无法分辨）。对于异常（高电阻），如图 2.21（c）所示，可以看到大量的白色对比度。图 2.21（b）和图 2.21（d）由图 2.21（a）和图 2.21（c）中圆圈区域的剖面经 FIB 取出并由 TEM 观察后得到。两者最大的不同之处在于正常样品中 TiN 和 Al 的界面部分为多晶，而异常样品中为非晶。这是首例只能使用 TEM 识别的高电阻点可以通过 OBIRCH 可视化的例子。如果没有找到 OBIRCH 的异常部分，则无法定位异常部分的范围，并且高电阻的原因仍然未知。

空洞并不总是可以作为黑色微细结构被检测到。图 2.22 是在 100nm 宽的布线中，通过可视化具有高电阻和白色对比度的阻挡层来检测空洞的示例。它是一种铜线 TEG，长 9.8mm，宽 100nm，布线间距 1μm 以上。

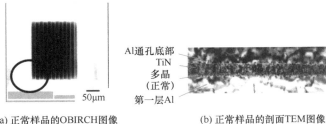

(a) 正常样品的OBIRCH图像 　　　　　(b) 正常样品的剖面TEM图像

Al通孔底部
TiN
多晶
（正常）
第一层Al
50nm

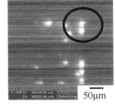

(c) 异常样品的OBIRCH图像 　　　　(d) 异常样品白色对比部分的剖面TEM图像

非晶
（缺陷）
50nm

图 2.21　TEM 级高电阻缺陷的可视化：世界首次（1997）

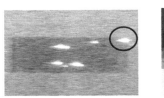

空洞　　　　金属阻挡物（TaN）

(a) IR-OBIRCH图像　　　　　　　(b) 断面TEM图像

图 2.22　检测白色对比度中的空洞示例

在本例中，黑色对比度未用于检测空洞，而白色对比度是利用由于空洞形成而成为电流路径的阻挡金属的负 TCR 来检测的。TaN 是一种典型的高电阻过渡金属合金。虽然布线宽度只有 100nm，但由于布线间隔超过 1μm，因此可以在布线之间进行分辨，识别出剖面所示的位置。

5. 利用热电动势效应检测高电阻点

接下来将解释通过热电动势来检测高电阻点的机制。热电动势可以在任何金属或半导体中产生（Seebeck 效应）。其原理是，温差导致电流流动（电位产生），但在没有缺陷的情况下，在被照射的激光束两边的热电动势电流相互抵消，无法从外部观察到。如果部分布线中存在高电阻缺陷，则会显露出来，并可用于缺陷检测。热电动势图像的特征是，能够在缺陷两侧得到黑白反转的对比度。由于该效应小于 OBIRCH 效应，如果施加过多的电流，很有可能将被 OBIRCH 效应屏蔽，所以最理想的情况是在无偏置或低偏置的情况下观察。

图 2.23 表示 TiSi 布线缺陷中的热电动势图像和 TEM/STEM 图像，在布线宽度为 0.2μm 的 TiSi 布线的高电阻缺陷位置可以看到图 2.23（a）所示的典型的热电动势对比度。特别是在黑圈所示的地方，黑-白对的对比度几乎均等。该缺陷因为缺乏 Ti 而只剩下 Si，从而形成高电阻，后面将参照图 2.23（c）对此处进行说明。用 FIB 取出图 2.23（a）中显示的黑-白对热电动势对比度区域的剖面，用 TEM 和 STEM 观察。

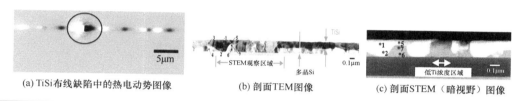

(a) TiSi 布线缺陷中的热电动势图像　　(b) 剖面TEM图像　　(c) 剖面STEM（暗视野）图像

图 2.23　TiSi 布线缺陷中的热电动势图像和 TEM/STEM 图像

在图 2.23（b）所示的 TEM 图像中，从中央到左侧结构坍塌，但从中央到右侧正常，上部形成了 TiSi 层，下部形成了多晶硅层。图 2.23（c）显示了在 STEM（暗场）中观察到的结构的坍塌部分。在暗场 STEM 图像中，越重的原子看起来越明亮。由于这里只有 Si 和 Ti，所以白色区域是 Ti 丰富的地方，灰色区域是 Ti 枯竭的地方。

如图所示，Ti 枯竭的部位，布线的电阻很高。另外，在这类高电阻的部位可以看见热电动势的对比。

6. 肖特基势垒检测

以上是利用激光束加热的方法，以下所示的方法是利用肖特基势垒中的内部光电效应的方法。图 2.24 显示了如何使用波长为 1.3μm 的激光来观察肖特基势垒引起的内部光电

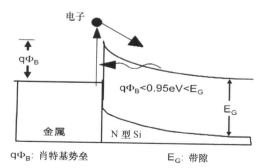

$q\Phi_B$：肖特基势垒　　E_G：带隙

图 2.24　肖特基效应

效应及其特征。波长 1.3μm 的对应能量 0.95eV 比在 Si 和金属的接触面上形成的肖特基势垒更大。而且比带隙（1.12eV）要小。由于满足这些条件，波长为 1.3μm 的光从 Si 侧到达肖特基势垒，激发金属-Si（在图 2.24 的情况下为 N 型）界面处的电子，电子从金属侧流向 Si 侧。由于电流根据这样的原理流动，所以电流的流动具有方向性，随着 OBIRCH 装置的电流检测器连接的端子不同，对比度会反转。在热电动势图像中也可以看到类似的极性依赖性，但在通常的 OBIRCH 图像中没有这样的极性依赖性。

图 2.25 显示了在同一芯片的相同类型缺陷中观察到肖特基效应和热电效应的示例。

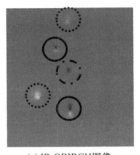
(a) IR-OBIRCH图像

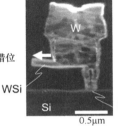
(b) 剖面SIM图像

图 2.25　同一芯片中类似缺陷的肖特基效应和热电效应示例

缺陷的原因是图 2.25（b）所示的掩膜未对准，并且由于未对准，同一芯片上的多个位置发生了图 2.25（b）所示的短路。在 IR-OBIRCH 图像中，图 2.25（a）中看到了 3 种对比度：实线的黑圈所示的黑-白对比度、虚线的黑圈所示的白色对比度、点画线的黑圈所示的黑色对比度。这可以解释为以下几点。在图 2.25（b）中产生肖特基势垒的地方，应该可以看到由肖特基势垒引起的效应，同时也可以看到由热电动势引起的效应。哪一种效果更大，决定了是黑白对比，还是只黑不白或只白不黑。只变成白色还是只变成黑色，取决于那个地方与 OBIRCH 观测系统的哪个端子连接：因为是复杂电路的一部分，所以两种情况都时有发生。

7. IR-OBIRCH 中晶体管/电路的温度特性响应

OBIRCH 的最后一个功能是能够看到反映电路和晶体管温度特性的对比。在晶体管的情况下，晶体管的温度特性可以简单地表达出来，但当涉及电路时，就有些复杂了。由于篇幅所限，这里不做介绍，请有兴趣的读者查看参考文献［1］中图 2.40、表 2.10 及其解释。

在使用 OBIRCH 时，重要的是确定是上述哪种效果的表现。

8. IR-OBIRCH 装置与 LSI 测试仪的连接

到目前为止，只描述了仅对 LSI 芯片的任何两个端子使用 IR-OBIRCH 装置进行观察的方法。在此，将介绍通过连接 LSI 测试器进行更复杂分析的方法。与 LSI 测试仪的连接方法有静态方法和动态方法。在静态方法中，将 LSI 设定为一定状态后进行 IR-OBIRCH 观测。在动态方法中，将 LSI 测试中的合格与否判定结果显示为图像。

1）静态连接。

图 2.26 表示 IR-OBIRCH 装置和 LSI 测试仪的静态连接的结构示意图。以逆变器的情况为例进行说明。在用 IR-OBIRCH 观察之前，用 LSI 测试仪设置 LSI 的状态，使异常电流在 I_{DDQ}（Quiescent I_{DD}：准静态电源电流）流动。在该例中，逆变器的输入被设置为低电平状态。如果晶体管正常工作，p-MOS 导通，n-MOS 关闭，没有电流流动，但如果有缺陷，电流就会流过缺陷。这是通过发现 I_{DDQ} 异常来区分有缺陷的 LSI 的原理。在 IR-OBIRCH 中的观察应在设置这种条件后进行。这样一来，就能检测出该 LSI 芯片内的哪里存在缺陷。

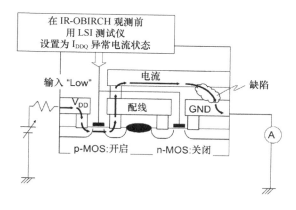

图 2.26 IR-OBIRCH 装置与 LSI 测试仪静态连接的结构示意图

图 2.27 显示了通过将 IR-OBIRCH 静态连接到 LSI 测试仪并检测到布线短路的示例。在功能缺陷品中设置了流过 I_{DDQ} 异常电流的测试模式，并进行了 IR-OBIRCH 观察。图 2.27（a）是光学图像，图 2.27（b）是同一视场的 IR-OBIRCH 图像。在图 2.27（b）中可以看到黑圈所示的白色对比度。

用 FIB 提取该部位的剖面，用 TEM（Transmission Electron Microscope：透射电子显微镜）观察到的为图 2.27（c）。可以看出，在圈出的区域有一个短路。用 EDX（Energy Dispersive X-ray Spectroscopy，能量分散型 X 射线光谱法）分析短路的部位，检测出 Al 和

Ti。由图可知，由于形成了这类高电阻的过渡金属合金，在 IR-OBIRCH 中可观测到白色的对比度。

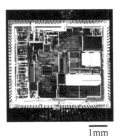
(a) 光学图像

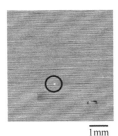
(b) IR-OBIRCH图像

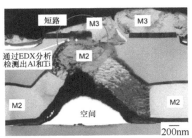
(c) 断面TEM图像

图 2.27　在 IR-OBIRCH 与 LSI 测试仪的静态连接中检测到的布线短路的例子

　　一般显示功能缺陷的 LSI 大多显示 I_{DDQ} 异常。因此，通过在此处所示的 IR-OBIRCH 装置和 LSI 测试仪之间执行静态连接，可以发现许多功能缺陷。

　　2）动态连接。

　　图 2.28 显示了 IR-OBIRCH 装置和 LSI 测试仪之间动态连接的结构概念。这种结构被称为 RIL（Resistive Interconnection Localization）或 SDL（Soft Defect Localization），但两者的称呼差异是根据分析结果命名的。两组的基本构成都是一样的。本书主要使用 SDL 这个称呼。它与静态方法相同，将测试模式从 LSI 测试仪输入到基于 IR-OBIRCH 装置的 LSI。

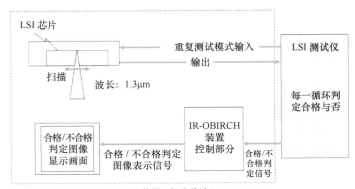

图 2.28　IR-OBIRCH 装置与 LSI 测试仪动态连接的结构示意图3

　　不同的是，测试模式是重复输入的，LSI 测试仪在每次重复输入时，都会做出合格/不合格的判断，并将判断结果用于图像显示。例如，合格则为明亮，不合格则为灰暗，用像素显示。要做到这一点，如果在激光束扫描每个像素时，都通过测试模式进行合格与否的判定，则最为有效。但即使未必取得那样的同步，通过多次扫描也能获得有效的图像。

图 2.29 显示了通过 IR-OBIRCH 装置和 LSI 测试仪之间的动态连接配置来检测布线系统缺陷的示例，图 2.29（a）显示了叠加合格与否的判断图像（SDL 图像）和光学图像的结果。此后，根据信息，FIB 获得由 IR-OBIRCH 定位故障范围的零件剖面，TEM 观察结果表明，图 2.29（b）中 M3（第三层布线）与通孔之间的连接点处于异常状态。有关分析的详细信息，请参阅参考文献［1］的 3.2.6 小节。

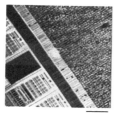 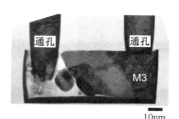

(a) SDL图像和光学图像重合　　　(b) 剖面TEM图像

图 2.29　通过动态连接定位范围并检测布线系统缺陷的示例

9. IR-OBIRCH 相关技术

1）激光扫描显微镜。

这是 OBIC（Optical Beam Induced Current）、OBIRCH 等通用的基础方法，在光发射显微镜中，以激光扫描显微镜为基础的系统也很普及。

2）固体浸没透镜（SIL：Solid Immersion Lens）。

SIL 技术是一种巧妙地利用 Si 的大折射率获得大数值孔径（NA）并通过从 Si 基片背面观察获得 $0.2\mu m$ 或更小的空间分辨率的技术。该技术可以与其他光学显微镜一起使用。

图 2.30 显示了 SIL 结构和机制的示意图。图 2.30（a）和图 2.30（b）分别是在未使

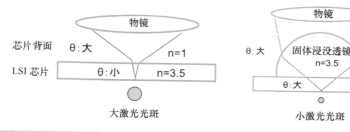

图 2.30　固体浸没透镜的结构和机制

用和使用了 SIL 情况下的结构。两者都是从芯片背面入射激光。在对 SIL 进行描述之前，有必要对空间分辨率进行定义。

图 2.31 是空间分辨率的定义。图 2.31（a）为两点勉强分辨的情况。

图 2.31（b）是两点几乎完全分辨的情况。此处，Δx 是空间分辨率，λ 是波长，n 是折射率（Si 为 3.5，空气为 1），θ 为入射光的聚焦半角。这里使用等式图 2.31（a）。回到图 2.30，对 SIL 的影响进行解释。如图 2.30（a）所示，当不存在 SIL 时，即使来自透镜的 θ 很大，光线从空气射入 Si 时，会发生折射，并且在 Si 芯片中 θ 变小。因此，虽然 n 大到 3.5，但由于 $\sin\theta$ 小，所以空间分辨率不佳，与在空气中观测时相同。另一方面，如果存在图 2.30（b）所示的 SIL，可以在 θ 较大的状态下聚光。因此，可以使得 Si 折射率 3.5 和较大的 θ 值同时得到满足，从而提高空间分辨率。

$$\Delta x = 0.5\frac{\lambda}{n\sin\theta}$$

(a) 勉强分辨

$$\Delta x = 0.61\frac{\lambda}{n\sin\theta}$$

(b) 完全分辨

图 2.31　空间分辨率的两种定义

图 2.32 显示了对 Si 基片的背面进行处理，以产生 SIL 的实验结果，并确认了理论分辨率。由于没有 SIL 和 Si 基片之间的界面，所以得到了理想的结果。图 2.32（a）是利用 SIL，用 1.3μm 波长的激光观察的结果。图 2.32（b）显示出了在 SEM 中观察类似部分的结果。使用 SIL 可以分辨出 line/space（线距）= 0.9μm/0.9μ。顺便一提，使用图 2.31（a）的公式，代入波长 1.3μm，折射率 3.50，$\sin\theta = 1$，得到 0.19μm，由此可知，该实验得到了理论上的空间分辨率。

(a) 使用固体浸没透镜的观察

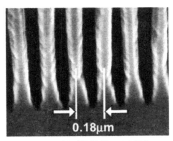

(b) 相同部件的SEM观察

图 2.32　使用固体浸没透镜实现理论分辨率

▶▶ 2.4.2　光发射显微镜（PEM：Photo Emission Microscope）

发光通常与故障位置有关，并且由于 Si 是间接跃迁半导体，因此载流子复合的发光效果较差。由于其他机制下的发光强度也非常弱，所以需要被称为光发射显微镜的高灵敏度光检测显微镜来检测发光。

1. 发光机制与检测器灵敏度特性

发光机理有两种：一种是通过热辐射（可见光成分很弱，因为温度不是那么高，但因为它在光发射显微镜中可见，所以这里称为发光）和热辐射以外的其他，图 2.33 显示了两种不依赖于热辐射的发光机制。左图的横轴为动量，右图的横轴为位置，两图的纵轴均为能量。如左图所示，Si 是一种间接跃迁半导体，其导体的最下端与价带的最上端不在同一个动量处，带间的载流子复合还需要动量的变化，效率不高，这种载流子复合引起的发光是第一种机制。这种机制的代表性特征是伴随 PN 结正向偏压的发光。第二种机制是在电场中加速的载流子被声子等散射时伴随能量弛豫的发光（制动辐射）。这是在带内发生的，其代表性的特征是伴随 PN 结反向偏压的发光。

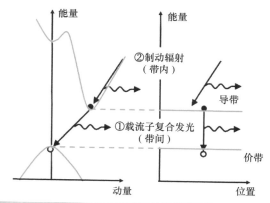

图 2.33　两种不同热辐射的发光机制

图 2.34 显示了 3 种发光机制的光谱。图 2.34（a）显示非热辐射发光的光谱，图 2.34（b）显示由热辐射引起的光谱。图 2.34（a）①所示的带间发光基本上正态分布在 1.1μm 左右。另一方面，如图 2.34（a）②所示的带内发光的强度随波长增大而增大，并且具有更大的范围。图 2.34（b）显示了热辐射的发光强度随温度变低时急剧变弱。

图 2.35 显示了 C-CCD（Charge Coupled Device）（冷却 CCD）和对红外波段敏感的 InGaAs 探测器的灵敏度与波长的关系，如图 2.35 所示，C-CCD 在红外区域的探测范围仅到约 1100nm，而 InGaAs 的探测范围约为 900~1700nm。

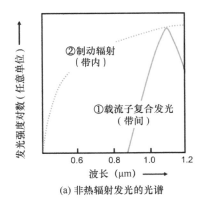

(a) 非热辐射发光的光谱

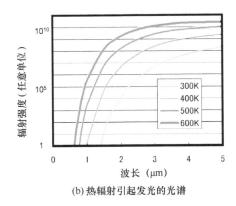

(b) 热辐射引起发光的光谱

图 2.34　3 种发光机制的光谱

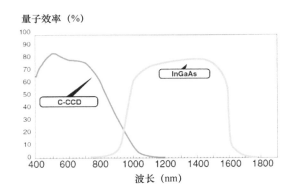

图 2.35　C-CCD 和 InGaAs 检测器灵敏度与波长的关系

2. 发光源

表 2.4 分类显示了发光源与发光机理的关系。

表 2.4　发光源与发光机理的对应关系列表

		PN 结反向偏压
制动辐射（带内发光）	空间电荷区	PN 结漏电流
		饱和区的 MOS 晶体管
		ESD 保护元件的击穿
		有源模式下的双极晶体管
	电流集中	栅极绝缘膜的缺陷，泄漏电流
	F-N 电流	栅极绝缘膜的泄漏电流

（续）

带间载流子复合发光（带间发光）	PN 结正向偏压
	饱和模式下的双极晶体管
	闩锁效应
热辐射	各种短路
	高电阻处

1）制动辐射：带内发光。

带内发光机制的发光源，包括基于空间电荷区域载流子电场加速的发光源、基于电流集中的发光源、基于 F-N（Fowler-Nordheim）隧道电流的发光源。在空间电荷区域发光最多，包括由 PN 结反向偏压引起的、由 PN 结漏电流引起的、由饱和区域的 MOS 晶体管引起的、由 ESD（Electro Static Discharge：静电放电）保护元件的击穿引起的和有源模式下双极晶体管引起的等多种情况。

电流集中引起的情况根源在于栅极绝缘膜缺陷、栅极绝缘膜漏电流。F-N 隧道电流引起的情况根源在于栅极绝缘膜的漏电流。

图 2.36 显示了 MOS 晶体管在饱和区域的发光示例，该发光示例非常典型。在光学图像上重叠了发光图像。图 2.36（a）显示出了尺寸大且畅通无阻的示例，在白色圆圈中的黑色双箭头线指示的零件左侧看起来像粗白线的部分是发光部位。如图所示，在晶体管的尺寸大且没有遮挡的布线等位于上部的情况下，与漏极部相对应，发光呈细长的线状。另一方面，如果晶体管很小或者很大，光被上面的布线等遮挡，则不会呈现线状。图 2.36（b）是其示例。画上白圈的 5 处 MOS 晶体管在饱和区域发光，这些晶体管连接在共同的输入布线上，由于布线发生短路故障，形成中间电位，穿透电流从中流过。

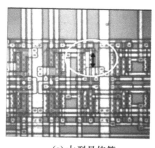

(a) 大型晶体管

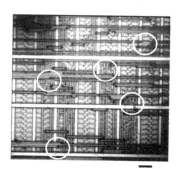

10μm

(b) 小型晶体管

图 2.36　MOS 晶体管在饱和区域的发光示例

2）带间载流子复合发光：带间发光。

基于带间载流子复合发光机制的发光源有 PN 结正向偏压、饱和模式双极晶体管。PN 结正向偏压的一个特殊情况是闩锁效应。

3）热辐射。

这是由于布线间短路和布线变细等引起的局部电阻增大，导致焦耳热在局部增大而产生的热辐射。图 2.37 显示了基于热辐射的发光示例。在图 2.37（a）中，在 Al 布线 TEG 的电迁移测试中，变细的部分因焦耳热的局部发热而发光（热辐射）。我们使用传统型的光发射显微镜进行了观测，估计温度为 200℃。图 2.37（b）在 InGaAs 检测器中的观测示例是实际设备的布线间短路处的发光（热辐射）。在光学图像上重叠了发光图像。有关分析的详细信息，请参阅参考文献［1］的 3.2.2 小节。

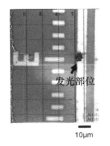
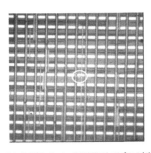

(a) 使用传统PEM的观察实例　　(b) 使用InGaAs检测器的观察示例

图 2.37　热辐射发光示例

3. 时间分解光发射显微镜（TREM：Time Resolved Emission Microscope）

通过动态方式的光检测方法，可以检测 MOS 晶体管在饱和区的某个时刻的发光。有两种查看方法：一种是将其视为图像，另一种是在固定点处查看变化。最初由 IBM 的小组提出并命名为 PICA（Picosecond Imaging Circuit Analysis），当时是作为图像查看。

2.4.3　EB 测试仪（电子束测试仪，EBT：Electron Beam Tester）

这是以 SEM（Scanning Electron Microscope：扫描电子显微镜）为基础的方法。在主要的定位故障筛选范围的方法中历史最长。1957 年 Oatley 和 Everhart 发现了电位对比度，11 年后的 1968 年，Plows 与 Nixon 发明了动态观察电位对比度的方法——"频闪 SEM 法"。

电位对比度的机制如图 2.38 所示。在图 2.38 中，为了便于理解，表示了 2 根配线中的一根为 0V，另一根为 3V 的情况。当电子束照射到布线上时，会产生二次电子。如果布线电位相同，从布线平坦的地方产生的二次电子的量也是恒定的。但是，如图所示，如果布线电位不同，则到达检测器的二次电子量将不同。如果二次电子产生点的电位为 0V，则二次电子到达检测器时没有任何阻碍。如果生成点的电位为 3V，由于电子会被电场拉回，到达检测器的二次电子数量就会减少。因此，在二次电子图像中，电位越低，图像越亮，电位越高，图像越暗。

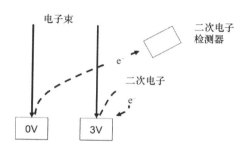

图 2.38　电位对比度的机制

　　使用频闪法，可以得到任意相位的电位分布图像（频闪图像）和任意点的电位波形（频闪波形）。

　　在事先知道要观测的地方的情况下，可以像使用示波器一样"测试"LSI 芯片上的电位。由于这些功能，自 20 世纪 80 年代以来，强调原理的频闪式扫描电镜这一术语几乎不再被提起，而强调功能的电子束测试仪（EBT）这一术语则使用得较多。

　　在 EBT 中能够观测到电位的只有最上层的布线或其下的布线。因此，自从 LSI 的多层配线化得到发展以来，就不能用于无损分析定位筛查范围。但是在没有其他手段的情况下，有时也会作为半破坏分析使用。

▶▶ 2.4.4　EOP/EOFM[10]

　　LVP/LVI 和 EOP/EOFM 的基本原理是相同的。不同之处在于，LVP/LVI 使用激光，而 EOP/EOFM 使用非相干光。在使用非相干光的情况下，当从芯片的背面观察时，可以在没有来自芯片背面的反射光和来自芯片表面的反射光的干涉条纹的情况下观测，因此可以获得清晰的图像。由于在编写参考文献 [1] 时，EOP/EOFM 还没有实际应用，所以在解释结构和示例时参考了 LVP/LVI 的文献。

　　本节参考了关于 EOP/EOFM 的文献来解释结构和例子。

　　图 2.39 显示出了 EOP/EOFM 结构的概要图。EOP 是从芯片背面向漏极照射光束，根

据其反射光的时间变化获得波形，EOFM 是在有光谱信号的波长范围内设置栅极并通过光束扫描获得图像。

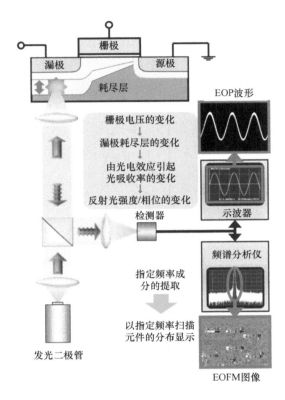

图 2.39　EOP/EOFM 结构的示意图

　　图 2.40 显示了分析示例，该示例是通过筛选失败的样品，并通过多次测试（包括扫描测试）判断为失败。图 2.40 （a） 是故障诊断的结果，网络 5、6 被诊断为异常。图 2.40 （b） 为 EOFM 图像，可见次品和良品有不同的对比度。

　　查看图 2.40 （c） 中的 EOP 波形，在网络 1、4 和 5 中观察到异常。用 EBAC （Electron Beam_Absorbed Current） 装置观察该区域的结果，如图 2.40 （d） 所示，网 5 和网 6 均出现了相同的 EBIC （Electron Beam Induced Current） 反应，因此推测是其间的逆变器电路内部发生了短路。平面 SEM 的观测结果显示发生了由 NMOS 的栅极/源极间的异物引起的短路（无 SEM 照片）。

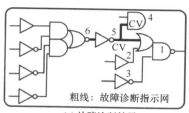

(a) 故障诊断结果

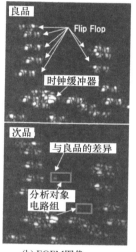

(b) EOFM图像

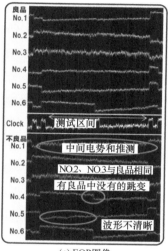

(c) EOP图像

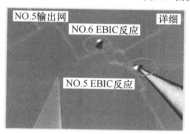

(d) EBAC观测

图 2.40　使用 EOP/EOFM 的分析示例

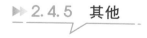

2.4.5　其他

1. 液晶法

普通 LSI 芯片旨在尽可能分散热量。因此，局部发热的地方很可能是故障点。在既没有光发射显微镜（1986 年公布），也没有 OBIRCH（1993 年公布，IR-OBIRCH 为 1996 年公布）的时候，能够适用于大气中故障部位检测的方法以该液晶法为代表（在真空中进行的方法有使用 SEM 的电位对比法和作为其改进形式的 EB 测试法）。

在 LSI 芯片上涂布液晶后，向 LSI 芯片施加电压，用偏光显微镜进行观察。这里说的偏光显微镜，不过是使用金属显微镜和附带的偏振片组合的产物罢了。如果将偏光镜和检偏镜对准适当的角度，只有发热的地方看起来很暗。这是因为温度高于发热点的液晶已经发生了相变，变成了液体。由于偏振光的偏振方向在液晶部分旋转，但不在液体部分旋转，因此可以通过这种方式看到差异。

2. OBIC（Optical Beam Induced Current）

照射光束时的光电流称为 OBIC，如果想从背面照射产生 OBIC，则使用波长在 1064nm 附近的激光器，该波长既能透过 Si，又能产生光电流。现有的报告不仅显示了 PN 结部位缺陷的检测和绝缘膜漏电部位的检测，还显示了如何检测布线间短路范围。EBIC 则是用电子束代替光束。

2.5 芯片部件的半破坏性分析

一些介于无损分析和物理化学分析之间的方法，虽然仍旧是半破坏性的，但是可以比无损分析法实现更清晰的局部观测。典型的方法包括纳米探测法、电位对比法、RCI（Resistance Contrast Imaging）法。

2.5.1 纳米探测法

这是一种经过一定程度的无损法定位筛查范围后，将上层的布线全部去除，只留下与晶体管连接的电极（钨插塞）的状态下，用细针进行探测，测量电学特性的方法。可以一边监视 SEM 中的 SEM 图像，一边采用钨针进行探测，或者利用 SPM 针进行探测。前者可以同时监视探测，而后者则不能。后者可以将样本放置在大气中进行测量，而前者则需要将样本放置在真空中。

2.5.2 电位对比法（Voltage Contrast，VC）

利用 SEM 获得电位对比度的结构已在 2.4.3 小节进行了说明，因此在此省略。该方法可以通过与上述基于 SEM 的纳米探测法等探测组合使用，实现更加高效的分析。

FIB 也以同样的原理得到电位对比度。在获得电位对比度方面，FIB 也有优势。换句话说，如果充电效应（电荷积累）导致无法获得电位对比度，FIB 可以很容易地进行处

理，以释放电荷。

▶▶ 2.5.3　RCI（Re-sistance Contrast Imaging）法

用电子束照射样品时，一部分电子流入接地端，这被称为吸收电流。用金属针探测时，电流也会流过金属针。到底流过多少电流取决于光束照射位置和到达接地端或金属针时的电阻值。这种一边扫描电子束一边对流入金属针的电流进行成像的方法被称为 RCI 法。通过 RCI 图像，可以定位高电阻、断线、短路和电流泄漏的位置。

▶▶ 2.5.4　EBIRCH（Electron Beam induced Resistance CHange）[11-14]

EBIRCH 是 OBIRCH 的电子束版本。其原理与 OBIRCH 完全相同，只是它是由电子束而不是光束加热的。基本原理实证结果和应用于 TEG 的结果已由笔者在 20 多年前发表[11],[12]。最近，英特尔发表了应用于实际设备的结果[13]，由于使用了电子束，空间分辨率很高，但是无法进行像 OBIRCH 那样的无损分析，只能进行半破坏性分析。

图 2.41 描述了一个由 EBIRCH 检测到的线间短路的例子[14]，样品是英特尔的 Valley-view（22nm）芯片，电源和接地端之间的短路电阻为 3.9kΩ。一直剥离到缺陷部位的上一层才进行观测。图 2.41（a）显示了 EBIRCH 和 SEM 图像的叠加图像。图 2.41（b）显示了剥离上层布线后的 SEM 观察结果。虽然不确定图 2.41（a）的最高空间分辨率，但据报告大约为数 nm。

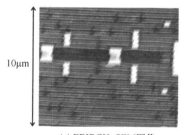
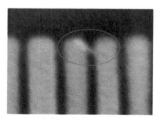

(a) EBIRCH+SEM图像　　　　(b) 剥离上层布线后的SEM观察

图 2.41　使用 EBIRCH 检测布线之间短路的示例

2.6　物理和化学分析方法

图 2.42 显示了图 2.5 的步骤④中使用的方法（物理化学分析方法）。

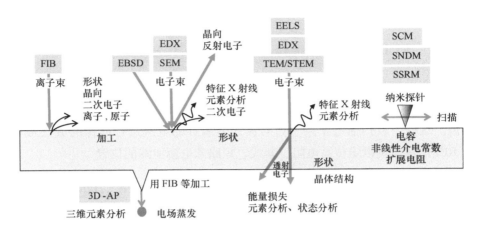

缩写的完整拼写、对应的中文等请参照"第 2 章缩略语表"

图 2.42　物理化学分析方法一览表

▶▶ 2.6.1　**FIB**（聚焦离子束）

在 FIB（聚焦离子束）装置中，目前最常用的是使用 Ga 离子的装置。

1. FIB 的三个基本功能

FIB 有很多应用，图 2.43 显示了实现其众多应用的三个基本功能。它们分别是图 2.43（a）所示的溅射功能、图 2.43（b）所示的金属/绝缘膜沉积功能和图 2.43（c）所示的观察功能。如图 2.43（a）所示，当样品被薄层聚焦的 Ga 离子辐照时，辐照区域的原子和团簇被喷射出来。这种效果使得微加工成为可能。

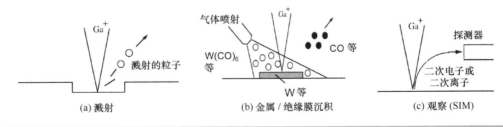

图 2.43　FIB 的三个基本功能

如图 2.43（b）所示，一边喷射 $W(CO)_6$ 等辅助气体，一边照射离子时，在照射的位置会沉积金属和绝缘物。通过将此功能与溅射功能相结合，可以实现多种类型的加工，例如剖切断面和布线校正。如图 2.43（c）所示，一边扫描离子束，一边检测从照射位置出来的二次电子和二次离子，通过将其强度成像，可获得 SIM（Scanning Ion Microscope：扫描离子显微镜）。

由于具有 SIM 功能，还可以在加工的同时进行监视。

2. FIB 的多种功能

FIB 的各种功能大致可以分为 3 种：①剖切断面和实时观察；②其他分析法预处理（如 TEM 样品制备）；③多晶金属晶粒微细结构观察。下边按顺序说明。

1）剖切断面和实时观察。

剖切断面和实时观察的步骤如图 2.44 所示。首先，如图 2.44（a）所示，在需要剖切断面的部位沉积 C 和 W 等。这是为了在露出截面时，防止其边缘崩塌。如图 2.44（b）所示，剖切断面；为了在短时间内完成这一工作，需要在离目标观察位置有一定距离的部位开始浅挖。此外，在开始时增加离子束电流来提高挖掘速度，结束时减少离子束电流，以提高精度。露出断面后，将样品倾斜，以便从离子束照射的上方可以看到，接着如图 2.44（c）所示进行 SIM 观察。

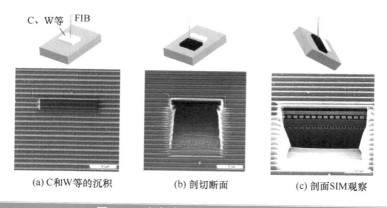

(a)C和W等的沉积　　(b)剖切断面　　(c)剖面SIM观察

图 2.44　剖切断面和实时观察的步骤

图 2.45 显示了使用该方法对工艺次品进行剖切断面和实时观察的例子。在图 2.45（a）中用光学显微镜只能看到一个黑点（图 2.45 中标为"针孔"）的位置，图 2.45（b）中发现了一处短路（世界上第一个应用于 FIB 失效分析的例子）。

本书的剖面 SIM 图像都使用该种方法观察得出。

2）其他分析法预处理：TEM 样品制备等。

它具有许多应用，例如对 SEM 和 TEM/STEM 的剖面和平面观察样品的预处理，剥出焊盘进行探测，以及在电位对比度观察期间进行电荷释放处理。

3）多晶金属晶粒微细结构观察。

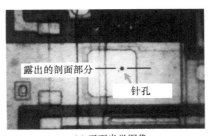 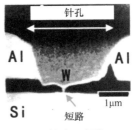

(a) 平面光学图像   (b) 剖面SIM图像

图 2.45   FIB 剖切断面和实时观察在工艺缺陷中的应用：世界首次（1988）

图 2.46 显示了用 FIB 剖切断面并用 SIM 图像实时观察的示例。该样品进行了电迁移测试，用 OBIRCH 检测电阻增加的部分，并通过 FIB 显示剖面，在上层布线的实线圈部分可以看到约 10 个晶粒（每个都是单晶）具有不同的对比度。这种对比度被称为通道对比度。该对比度差异的原因取决于 Ga 离子在表面附近释放了多少二次电子。二次电子释放量的不同取决于晶向的不同。就 Ga 离子而言，原子排列密集的晶向会发出更多的二次电子，看起来更亮，而原子排列稀疏的晶向会发出更少的二次电子，看起来更暗。

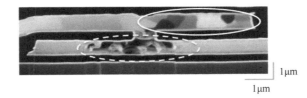

图 2.46   利用通道对比度观察晶粒

另一方面，在下层布线虚线的圆圈部分，由于对比度的差异，可以看到空洞（孔）。这反映了由于几何形状的差异而发出的二次电子的数量。

▶▶ 2.6.2   SEM（扫描电子显微镜）

SEM 的主要功能是观察形状和观察电位。

参考图 2.47，描述通过 SEM 可以观察表面形状的机制。如图 2.47 所示，二次电子的逃逸深度与表面的距离相同，无论是否垂直于一次电子束，都是几 nm。

因此，如图 2.47 所示，在一次电子束通过逃逸深度的距离上，与垂直于光束的面相比，斜面更长。结果就是，比起与光束垂直的表面，从斜面射出的二次电子更多。这就形成了对比，转变成凹凸不明的图像。

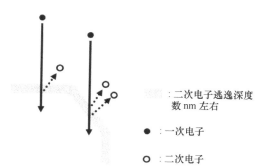

:二次电子逃逸深度
数 nm 左右

● :一次电子

○ :二次电子

图 2.47　通过 SEM 观察图像表面形状的机制

图 2.48（a）显示了图 2.48 中的 SEM 图像示例，该图像是通过镀金铜引线之间的电化学迁移生长的枝晶的 SEM 图像。图 2.48（b）显示了电迁移产生的晶须的 SEM 图像。

（a）铜枝晶

（b）SEM产生的晶须

图 2.48　SEM 图像示例

在 2.4.3 节，利用 SEM 获得电位对比度的结构已经通过图 2.38 进行了说明，不再赘述。

▶▶ 2.6.3　TEM（透射电子显微镜）/STEM（扫描透射电子显微镜）

TEM 和 STEM 通常都使用比 SEM 高的加速电压（用于 LSI 分析的为 100~300kV），电子束透过薄样品（100nm 左右）的 TEM，在透过样品后得到图像。在 STEM 中，用缩小的电子束进行扫描，检测透射电子或散射电子得到图像。

参照图 2.49（a）说明 TEM 机制的概念。在图 2.49 中，为简单起见，省略关于电子光学透镜的描述。如图 2.49 所示，照射在样品上的电子束穿过样品，在检测系统中得到用电子束照射的样品部分的放大投影图像。图 2.49（b）显示了 TEM 图像的示例，不仅是形状，还有衍射对比度（来自电子衍射的对比度）。与观察相同区域的图 2.50（b）的STEM 图像相比，可以清楚地看出差异。有关获取此 TEM 图像的背景等详细信息，请参阅

参考文献 [1] 的 3.4 节。

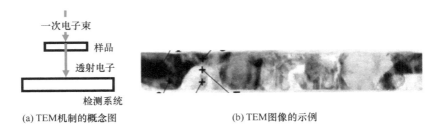

(a) TEM机制的概念图   (b) TEM图像的示例

图 2.49   TEM 机制的概念图和 TEM 图像的示例

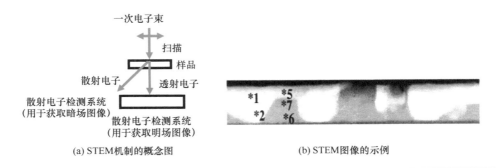

(a) STEM机制的概念图   (b) STEM图像的示例

图 2.50   STEM 机制的概念图和 STEM 图像的示例

接下来将参考图 2.50（a）来解释 STEM 的工作概念。同样为了简单起见，省略关于该部分透镜的描述。STEM 的光束比 TEM 更窄，通过扫描光束获得图像。由透射电子产生的图像被称为明场图像，而由散射电子产生的图像被称为暗场图像。虽然也有普通的 TEM 带有 STEM 模式的，但是最近使用的通常是 STEM 专用装置。暗场 STEM 的示例如图 2.50（b）所示。从对比度中不仅可以看到形状，也可以看到元素的差异。

在此示例中，明亮区域含 Ti 较多，黑暗区域含 Si 较多。与 TEM 图像不同，没有观察到衍射对比度。与图 2.49（b）中的 TEM 图像相比，可以清楚地看出其差异。获取此 STEM 图像的背景等详细信息可在参考文献 [1] 的 3.4 节中找到。

▶▶ 2.6.4 **EDX**（能量色散 X 射线光谱法）

在 EPMA（Electron Probe Microanalysis）中，利用能量分散对特征 X 射线的光谱进行分光的方法称为 EDX 或 EDS。用波长色散进行分光的方法称为 WDX（Wavelength Dispersive X-ray Spectroscopy）。EDX 安装在 SEM 和 TEM/STEM 上。WDX 不常用于 LSI 失效分析，因为除非电子束量很大，否则无法检测到特征 X 射线。

通过设置 X 射线能谱的某一能量范围窗口，再使用电子束扫描样品，可以获得元素分布图。

用于元素分布图的 EDX 的空间分辨率，在连接到 SEM 时与连接到 TEM/STEM 时有所不同。分辨率的差异是由于样品的厚度和电子束的加速电压造成的。安装在 SEM 上时，由于加速电压较低，样品较厚，所以一次电子束进入样品后，会在样品中扩散，从扩散的整个范围内会产生特征 X 射线（虽然在部分样品中会衰减），会被检测出来。因此，特征 X 射线的发生区域（至少 0.1μm 左右）约 0.1μm 的分辨率是极限。

另一方面，安装在 STEM 上时，样品薄至 100nm 左右，而且电子束的加速电压高达 200~300kV，因此电子束几乎不会在样品中扩散地透过。可以在横向获得 nm 量级的分辨率。

将 EDX 安装在 SEM 上和安装在 STEM 上时的元素分布图的例子进行对比，其结果如图 2.51 所示。图 2.51（a）是 STEM 下的 As（砷）的 EDX 图像，图 2.51（b）是 SEM 下的 Cu 的 EDX 图像。图 2.51（a）是 MOS 晶体管剖面中 As 的分布图示例。可知在用圆圈包围的地方缺失了 As。另外获取该 As 分布图像的背景等详细内容请查看参考文献［1］图 2.60 的说明。图 2.51（b）是 Cu 通过电化学迁移枝晶生长，引起漏电故障的样品。虽然没有尺寸表示，但图像的边长在数十 μm 左右。

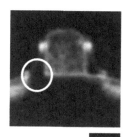

100nm

(a) STEM中As的EDX图像

(b) SEM中Cu的EDX图像

图 2.51　STEM 和 SEM 中 EDX 映射图像的比较

▶▶ 2.6.5　EELS（电子能量损耗光谱法）

根据电子束穿透样品时能量损失的光谱进行元素鉴定和化学状态分析。由于与 EDX 相比对轻的元素灵敏度高，而且由于能量分辨率高，还可以进行化学状态分析等，最近也被用于日常的失效分析，并安装在 TEM/STEM 上使用。分析示例请查看参考文献［1］图 2.73 及其说明。

▶▶ 2.6.6 AES（俄歇电子光谱法）

如上所述，当样品较厚时，EDX 最多只能获得约 0.1μm 的空间分辨率（平面方向和深度方向）。想分析 1nm 到 100nm 左右的极表面时使用 AES 即可。这是因为俄歇电子产生的能量很低，所以它们只能从很浅的地方逃逸，因此可以分析极表面。横向分辨率由电子束直径决定，但深度方向的分辨率可以得到比 EDX 小的数 nm 到数十 nm 的值。俄歇电子发生的机制和分析示例等请参照参考文献［1］的图 2.74 及其说明。

▶▶ 2.6.7 SSRM（Scanning Spreading Resistance Microscope：扫描扩展电阻显微镜）[15]

它是 SPM（Scanning Probe Microscope：扫描探针显微镜）的一种，用于图像显示探针与样品背面之间的扩展电阻。空间分辨率高（nm 级别），杂质浓度测量范围也很广（$10^{15} \sim 10^{20} \text{cm}^{-3}$）。最近，随着实用化的进展，也开始用于失效分析。

图 2.52 是 SSRM 的结构和应用示例。如图 2.52（a）所示，在用 FIB 切割的样品背面安装电极，用涂有金刚石的 Si 探针扫描观测面。图 2.52（b）所示的示例是对 SRAM（静态随机存取存储器）电路中出现故障的位元件的直接观察。故障位 pMOS 与正常品相比约有 0.4V 的阈值上升。在此之前，已经通过 TEM 和 SEM 进行了物理化学分析，但由于扩散层的状态未知，因此无法阐明缺陷的机制。栅极宽度在 60nm 以下。查看图 2.52（b）中的 SSRM 图像，可知 PN 结区域延伸到 pMOS 下方导致载流子耗尽。

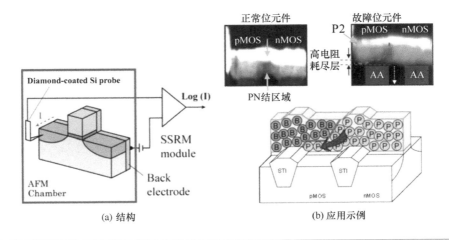

图 2.52 SSRM 的结构和应用示例

通过使用 TCAD（技术计算机辅助设计）进行模拟，可以推断出 P 的异常扩散，如

图 2.52（b）下的模型图所示。基于这些结果，可以通过调整 P 离子注入掩膜的位置来提高成品率。

▶▶ 2.6.8　SNDM（Scanning Nonlinear Dielectric Microscope：扫描非线性介电显微镜）[16][17]

SNDM 是 SPM 的一种。对 10^{-22} F 这样极微小的静电电容变化具有检测灵敏度。易于区分 PN 结掺杂类型，空间分辨率高（纳米级），杂质检测浓度测量范围广（$10^{13} \sim 10^{20}$ cm^{-3}）。最近，已被投入实际使用，现在正被用于失效分析。

图 2.53 是 SNDM 的结构和应用示例。请参考图 2.53（a）。将电容的变化转换为 LC 自激振荡器振荡频率的变化，通过 FM 解调器将频率转换为电压信号后，用锁相放大器进行检波。由于采用 FM 方式，抗干扰能力强，另外通过将组成电路物理性地配置在探针附近，抑制寄生效应，使得最高灵敏度达到约 10^{-22} F。目前已有报道显示 N 型半导体实现了 5×10^{13} 原子/cm^3 精度的观测结果。

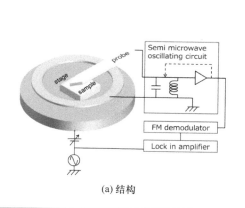

(a) 结构

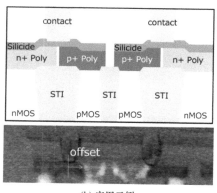

(b) 应用示例

图 2.53　SNDM 的结构和应用示例

接下来，对图 2.53（b）的应用示例进行说明。这是对晶体管特性异常的产品分析。多晶硅栅由 pMOS 和 nMOS 共享，掺杂注入多晶硅栅极。

在该样品中，nMOS 掺杂异常扩散到 pMOS 晶体管上。

▶▶ 2.6.9　3D -AP（Three Dimensional Atom Probe：三维原子探针）[18]

图 2.54 是 3D-AP 的基本结构和应用示例。

图 2.54（a）显示了基本结构。将加工成针状的样品前端磨尖到 100nm 以下，在超高真空中对尖端施加电压，再施加脉冲电压，从尖端开始逐个离子化并蒸发原子（电场蒸

发），并测量样品到达位置敏感检测器的时间（TOF：Time Of Flight）。TOF 获得的原子种类和检测器捕获的原子位置由计算机重建并以三维方式显示。通过用脉冲激光触发电场蒸发，可以将其应用于半导体和薄绝缘体，因此可以分析半导体器件中的杂质分布。然而，没有把握只用单个样品就可以实现成功的分析。

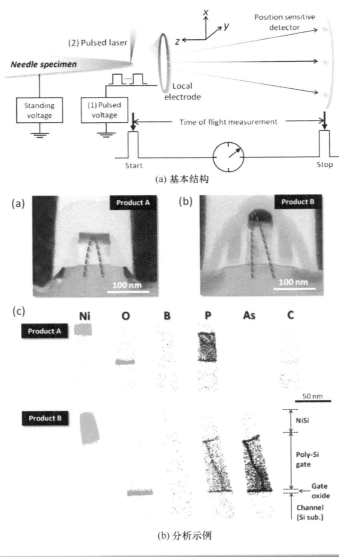

(a) 基本结构

(b) 分析示例

图 2.54　3D-AP 的基本结构和分析示例

图 2.54（b）所示的适用示例为市售的两种器件。这是避免使用厚绝缘体进行采样并使用 3D-AP 对其进行分析的结果。

可以看出包括 NiSi；多晶 Si 栅极；栅极氧化膜；Si 衬底的样品中 Ni、O、P、As 的分布情况。预计未来它在失效分析中的应用将得到广泛普及。

 专栏：应该如何命名？

同样的方法有两个不同的名称，其原因如下。

（1）OBIRCH 或 TIVA。

在日本，我们叫它 OBIRCH，但在美国，它通常被称为 TIVA。最初，OBIRCH 的电阻变化是通过恒定的电压施加和电流变化测量的。之后，美国方面宣布：增加恒定电流/电压变化的测量要更高的灵敏度，开始将其称为 TIVA。后来在美国，不管采用哪种方式，基本上称为 TIVA。在实践中，因为一种方法是否比另一种方法好，取决于许多因素，通常会将两种方法都准备好，并以比较的方式进行观察，以得到最好的结果。

（2）RCI 和 EBAC。

这是一种使用电子束注入的吸收电流（EBAC）对电阻引起的对比度进行成像（RCI）的方法。

RCI 是于 20 世纪 80 年代在美国命名的。进入 2000 年后在日本再次被发现并命名为 EBAC。笔者在 EBAC 发表的同时指出了 RCI 在先。然而，由于某种原因，EBAC 这个名字现在不仅在日本而且在世界范围内都更受欢迎。

（3）MOCI 和 MOFM。

由于该方法最初是基于 EOFM 设备设计的，因此发明人将其称为 MOFM。该名称也用于本书的参考文献中。但是，方法的内容中根本没有 FM，所以包括笔者在内的很多人都对该名称的合理性存疑。不知道是不是听到了我们的呼声，到了 2018 年，设计者亲自把名字改成了 MOCI。

▶▶ 第 2 章练习题

问题 1：封装部件的失效分析
在下列方法中，用于封装部件失效分析的是？

（1）PEM
（2）TEM
（3）LIT
（4）OBIRCH

（5）EBIRCH

问题 2：芯片部件的无损分析方法

以下方法中，哪一种用于芯片部件的无损分析筛查范围？

（1）STEM（2）SEM

（3）AES（4）OBIRCH

（5）SSRM

问题 3：芯片部件的物理化学分析

以下方法中，哪一种用于芯片部件的物理化学分析？

（1）LIT（2）OBIRCH

（3）PEM（4）EBIRCH

（5）STEM

练习题的答案见本书最后。

失效分析相关会议的简称：

· NANOTS：纳米测试研讨会

· LSITS：LSI 测试研讨会（NANOTS 的前身）

· ISTFA：International Symposium for Testing and Failure Analysis

· ESREF：European Symposium on Reliability of Electron Devices，Failure Physics and Analysis

· IPFA：International Symposium on the Physical and Failure Analysis of Integrated Circuits

· IRPS：International Reliability Physics Symposium

· JUSE-RMS：日本科学技术联盟信赖性·保全性研讨会

失效分析相关学会的简称：

INANOT：NANO 测试学会

ILSIT：LSI 测试学会（INANOT 的前身）

REAJ：日本可靠性学会

EDFAS：Electronic Device Failure Analysis Society（ASM International）

JSAP：应用物理学会

IEICE：电子信息通信学会

第 2 章缩略语表

缩 略 语	全 拼	对应中文等
3D-AP	three-Dimensional Atom Probe	三维原子探针
AES	Auger Electron Spectrometry	俄歇电子光谱
CCD	Charge Coupled Device	电荷耦合器件
CT	Computed Tomography	计算机断层扫描
EBAC	Electron Beam Absorbed Current	电子束吸收电流
EBIC	Electron Beam Induced Current	电子束感应电流
EBIRCH	Electron Beam Induced Resistance CHange	电子束加热电阻变动检测法
EBT	Electron Beam Tester	电子束（EB）测试仪
EDX 或 EDS	Energy Dispersive X-ray Spectroscopy	能量色散 X 射线光谱法
EELS	Electron Energy Loss Spectroscopy	电子能量损失光谱法
EOFM	Electron Optical Frequency Mapping	电光频率映射
EOP	Electron Optical Probing	电光探测
EPMA	Electron Probe Microanalysis	也叫作 XMA
ESD	Electro Static Discharge	静电放电
FIB	Focused Ion Beam	聚焦离子束
F-N	Fowler-Nordheim	福勒-诺德海姆隧道效应
FTIR	Fourier Transform Infrared Spectroscopy	傅里叶变换红外光谱法
IDDQ	Quiescent Ipp	准静态电源电流
IR-OBIRCH	InfRared OBIRCH	红外 OBIRCH
LIT	Lock-In Thermography	锁相热成像
LVI	Laser Voltage Imaging	激光电压成像
LVP	Laser Voltage Probing	激光电压探测
MOCI	Magneto Optical Current Imaging	
MOFM	Magneto Optical Frequency Mapping	由提倡者改名为 MOCI
NA	Numerical Aperture	数值孔径
OBIC	Optical Beam Induced Current	光束感应电流
OBIRCH	Optical Beam Induced Resistance CHange	OBIRCH、光束加热电阻变动检测法
PEM	Photo Emission Microscope	光发射显微镜
PICA	Picosecond Imaging Circuit Analysis	皮秒成像电路分析
PKG	Package	封装
QFN	Quad Flat No-leads package	方形扁平无引脚封装
RCI	Resistive Contrast Imaging	电阻性对比图像，基于 EBAC

（续）

缩 略 语	全 拼	对应中文等
RIL	Resistive Interconnection Localization	电阻互连定位
SCM	Scanning Capacitance Microscope	扫描电容显微镜
SDL	Soft Defect Localization	软缺陷定位
SEM	Scanning Electron Microscope	扫描电子显微镜
SIL	Solid Immersion Lens	固体浸没透镜
SIM	Scanning Ion Microscope	扫描离子显微镜
SIP	System in Package	系统级封装
SNDM	Scanning Nonlinear Dielectric Microscope	扫描非线性介电显微镜
SOBIRCH	ultraSonic Beam Induced Resistance CHange	超声加热电阻变动检测法
SPM	Scanning Probe Microscope	扫描探针显微镜
SQUID	Superconducting Quantum Interference Device	超导量子干扰元件
SSRM	Scanning Spreading Resistance Microscope	扫描扩散电阻显微镜
STEM	Scanning TEM	扫描透射电子显微镜
T	tesla	特斯拉
TCAD	Technology Computer Aided Design	计算机技术辅助设计
TCR	Temperature Coefficient of Resistance	电阻温度系数
TEG	Test Element Group	测试专用结构
TEM	Transmission Electron Microscope	透射电子显微镜
TIVA	Thermally Induced Voltage Alteration	正确地说是定流 IR-OBIRCH
TOF	Time Of Flight	飞行时间
TREM	Time Resolved Emission Microscope	时间分辨光发射显微镜
VC	Voltage Contrast	电势对比度
WDX	Wavelength Dispersive X-ray Spectrometry	波长色散 X 射线光谱法

▶▶ 第 2 章参考文献

[1] 二川清：『新版 LSI 故障解析技術』，日科技連出版社，2011 年.

[2] 清宮直樹ほか：「発熱解析技術と高分解能 X 線 CT のコンビネーションによる完全非破壊解析ソリューションのご紹介」，*LSITS*，pp.199-202，2011 年.

[3] 松本徹ほか：「超音波刺激によるパッケージ内配線の電流変動観察」，*NANOTS*，pp.235-238，2016 年.

[4] 松本徹：「超音波刺激変動検出法：SOBIRCH」，*LSITS*，pp.97-100，2017 年.

[5] 松本徹ほか：「SOBIRCH のパッケージ故障解析への適応」，*NANOTS*，pp.7-12，2018 年.

[6] 中村共則：「MOFM：Magneto-Optical Frequency Mapping による電流経路観察と半導体故障解析への適用」，*NANOTS*，pp.249-254，2015 年.

［7］　中村共則ほか：「532 nm 光源と作動検出法による高感度 MOFM」，*NANOTS*, pp.225-228, 2016 年.

［8］　松本賢和ほか：「Magneto-Optical Frequency Mapping を用いた半導体デバイス故障箇所特定手法の検討」，*NANOTS*, pp.229-234, 2016 年.

［9］　松本賢和：「ファラデー効果を応用した Magneto-Optical Frequency Mapping 手法による電流経路可視化の検討」，*NANOTS*, pp.87-90, 2017 年.

［10］　内角哲人：「Electro Optical Probing/ Electro Optical Frequency Mapping による 40 nm プロセス製品の裏面タイミング解析」，*NANOTS*, pp.223-228, 2014 年.

［11］　二川清ほか：「レーザ・電子・イオンビーム照射加熱法を用いた配線電流像観測」，*LSITS*, pp.204-208, 1994 年.

［12］　K.Nikawa et al., : "LSI Failure Analysis using Focused Laser Beam Heating," ESREF1995, Microelectron. Reliab., Vol.37, No.12, pp1841-1847 (1997).

［13］　B.A.Buchea et al. : "High Resolution Electron Beam Induced Resistance Change for Fault Isolation with 100nm^2 Localization", *ISTFA*, pp.387-392 (2015).

［14］　茂木忍：「ショート不良化箇所絞り込み機能 EBIRCH」，*NANOTS*, pp.113-116, 2017 年.

［15］　張利：「特定箇所高空間分解能 SSRM による Si デバイスの評価とその課題」，*NANOTS*, pp.285-289, 2014 年.

［16］　長康雄：「走査型非線形誘電率顕微鏡」，*NANOTS*, pp.293-294, 2015 年.

［17］　太田和男，「走査型非線形誘電率顕微鏡測定技術の故障解析への応用」，*NANOTS*, pp.271-276, 2017 年.

［18］　清水康雄：「半導体デバイス中のドーパント分布解析に向けた 3 次元アトムプローブの利用」，*NANOTS*, pp.287-291, 2015 年.

　2011 年以前の詳細な参考文献リストは，参考文献[1]の「参考文献」欄を参照されたい.
　図表を引用したものは図表のキャプションの後に出典を記載した.

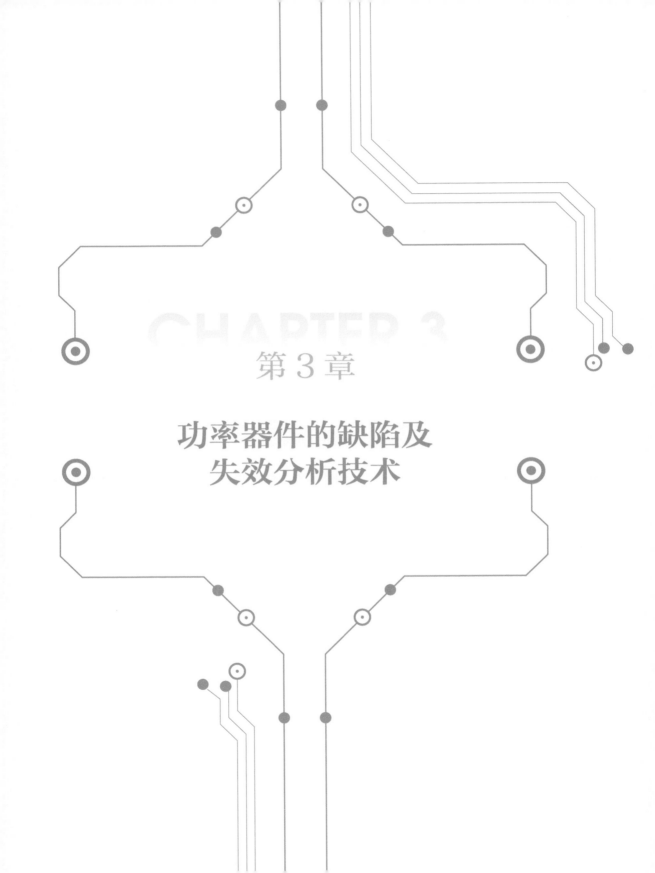

CHAPTER 3

第 3 章

功率器件的缺陷及
失效分析技术

Si 功率器件的实现，使电力转换技术得到了飞跃性的提高。汽车的发动机驱动、工业自动化设备、空调等家电的变频化以及太阳能发电的普及都是得益于 Si 功率器件而实现的。通过应用在 Si-LSI 中培育的微型化和成本降低技术，Si 功率器件的性能得到了迅速的改善和推广。

然而，据说 Si 功率器件的性能改进已接近极限。因此，在材料性能上优于 Si 的宽隙半导体作为功率器件的材料，突然引起了人们的关注。不过与 Si 器件相比，宽隙半导体功率器件还存在许多需要克服的问题。

功率器件具有独特的结构，需要采用与 LSI 不同的分析技术。在此，以功率器件特有的分析技术为中心进行解说。

3.1 功率器件的结构和制造工艺

▶▶ 3.1.1 功率芯片的结构

Si-MOS 型 LSI 的元件结构形成于表面附近几 μm 左右的区域，形成了以表面为通道的器件。而在功率器件中，以垂直方向传导电流的器件是主流。图 3.1 显示了作为功率开关器件最广泛使用的 Si-IGBT（Insulated Gate Bipolar Transistor）的截面结构。在 Si-IGBT 中，

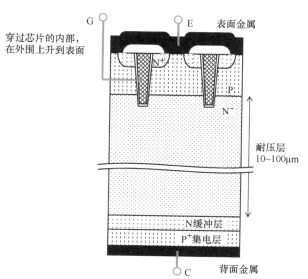

图 3.1　Si-IGBT 的截面结构

发射极层形成在表面一侧，集电极层形成在背面一侧，以便让电流垂直流动。在表面，形成了一个用于开关信号输入的栅极电极。最近，为了缩小芯片尺寸和降低导通电阻，沟槽栅极结构与功率 MOSFET 一起成为主流。

功率芯片需要承载 100-200A 的大电流。Si-IGBT 芯片表面的电极结构如图 3.2 所示。在 LSI 中，使用直径为 10μm 的金线从芯片表面获取电流。另一方面，在功率器件中，为了避免增加成本，使用直径为 100μm 的铝线从芯片表面获取电流。铝线是用超声波键合的。为了减少超声波键合中的损坏，表面的铝电极膜厚需要达到 3~5μm。

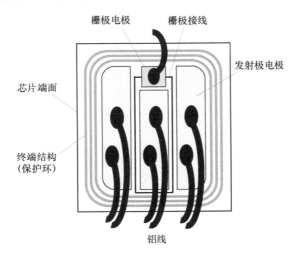

图 3.2　Si-IGBT 表面电极结构

芯片端面的切割面处于显露状态。如果耗尽层延伸到芯片端面，击穿电压就会下降，所以要形成一个终止结构，以防止耗尽层扩散。为了保持 6000V 的最大击穿电压，需要形成数层 P 型区域。为避免电场集中，P 型区域的角呈圆弧状。这种结构通常被称为保护环。

功率芯片被焊接在模块中的铜制互连线上。背面的金属必须与 Si 衬底形成欧姆接触。功率 MOSFET 和功率二极管的背面是 N 型，Ti 等材料用于与 N 型 Si 的欧姆接触。另一方面，Si-IGBT 的背面是 P 型，Al 等材料用于与 P 型 Si 的欧姆接触，并且功率芯片的背面涂有厚厚的镍膜，以形成与焊料的合金。此外，Au 或类似的材料被沉积在 Ni 上作为防氧化膜。

▶▶ 3.1.2　用于功率芯片的硅晶圆

图 3.3 显示了 Si-IGBT 的垂直结构。图 3.3（a）显示了非穿通（NPT）型 IGBT 的结

构，其中击穿电压只保持在 N⁻ 层。图 3.3（b）显示了穿通（PT：Punch Through）型结构。在背面形成一个 N 型缓冲层，以抑制前向偏移过程中耗尽层的生长。在 PT 型中，可以通过减少 N⁻ 层厚度来降低导通电阻。NPT 和 PT 型的 N⁻ 层是通过外延生长形成的。图 3.3（c）被称为 FS（Field Stop）型，与 PT 型一样，可以降低导通电阻，并且背面的 P⁺ 层是最后形成的，因此可以控制掺杂物的浓度。还可以控制导通时的空穴注入量，不必像 PT 型那样控制寿命就可以制造器件。FS 型不使用昂贵的外延片，因此能够降低成本。

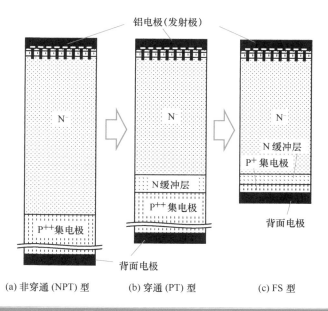

(a) 非穿通 (NPT) 型 (b) 穿通 (PT) 型 (c) FS 型

图 3.3　Si-IGBT 的垂直结构

用于 LSI 的硅单晶是通过 CZ（CZochralski）方法生长的。CZ 晶体目前能够生长直径为 450mm 的晶体。另一方面，CZ 晶体的特点是，由于偏析现象，生长的硅锭顶部和底部的掺杂浓度不同。然而，LSI 的器件特性是由离子注入控制的，因而对其影响并不大。另一方面，晶体的掺杂浓度（施主浓度）会影响功率器件的导通电阻和击穿电压，所以 CZ 晶片不用于功率器件。

悬浮区熔（FZ）晶圆或蒸镀晶圆被用作功率芯片的硅晶圆。图 3.4 显示了它们的使用方法。为了制造半导体器件，需要至少 250μm 的晶圆厚度。外延片的耐压层厚度上限在 150μm。因此，击穿电压为 2000V 以上的器件只能使用 FZ 晶圆，并使用令背面杂质扩散的扩散晶圆。

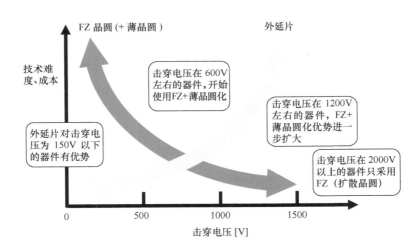

图 3.4 用于功率器件的硅晶圆的区别

许多技术人员认为 FZ 晶圆用于功率器件是因为其氧浓度低,但事实绝非如此。诚然,FZ 晶体生成时的氧浓度很低。然而,扩散晶圆在表面形成了氧化膜的状态下,在1300℃左右的温度下经历了几天的杂质扩散。在这个过程中,大量的氧通过固相扩散从氧化膜中进入 FZ 晶体。因此,在交付给器件制造商时,扩散晶圆含有非常高浓度的氧。

另一方面,外延片曾经是击穿电压低于1500V 的功率芯片的主流。随着薄晶圆工艺的实用化,这种情况发生了改变。外延层越厚,制造外延片的难度和成本就越高。通过使用 FZ 和薄晶圆工艺,可以在芯片制造过程的最后形成背面的掺杂结构,使得低成本 FZ 晶圆得以使用。

▶▶ 3.1.3 功率芯片的制造过程

表 3.1 显示了代表功率芯片的功率 MOSFET 和 Si-IGBT 的芯片制造工艺,按工艺划分,与先进的 Si-MOS 型 LSI 相比较。Si-MOS 型 LSI 的最大挑战是高集成度的小型化。为此,人们一直在大力发展各种技术,如用于小型化的曝光技术、通过 STI(浅槽隔离)进行器件分离,以及用于表面平坦化的 CMP(化学机械抛光)。

另一方面,功率芯片的挑战是高击穿电压和降低损耗。就制造过程而言,功率芯片与 Si-MOS 型 LSI 的主要区别在于其形成了相当深的结点,这是因为目前的主流器件有数 μm 的深沟槽。虽然预计未来不会进一步提高其温度,但一定程度的高温工艺是必要的,并且栅极氧化层的厚度也很厚,大约有100nm。此外,为了承载大电流,需要形成和加工厚金属层。

表 3.1 芯片制造工艺的比较		
	先进的 Si-MOS 型 LSI	功率芯片
硅晶圆	低缺陷 CZ 晶圆 退火晶圆 薄膜外延片	厚膜外延片 FZ 晶圆 扩散晶圆（FZ + 杂质扩散）
光刻	用于小型化的曝光技术	双面对准
加工工艺	STI CMP	沟槽栅 厚金属层刻蚀 薄晶圆化+去除损伤
氧化、扩散、离子注入	低温化 栅极氧化膜的薄膜化 浅结	高温工艺 多粉尘杂质碎屑 背面掺杂物的激活
薄膜沉积	新材料 电镀	厚金属层 背面电极
其他	扁平化 多层布线	载流子寿命控制 表面保护

在功率芯片中，有时可以通过各种方法调整载流子的寿命，以控制反向电流。调整寿命是通过在晶圆中形成复合中心来进行的。接下来将描述寿命控制。

功率芯片在芯片的背面也有掺杂结构。激活掺杂杂质需要 800~1000℃ 以上的热处理。在具有 FS 结构的 Si-IGBT 中，由于表面形成了铝电极，不能将整个晶圆加热到高温。一般来说，激光退火可用作一种仅将背面温度提高到 1000℃ 以上的方法。使用短波长的激光，可以控制激光渗透到半导体的长度。可以说激光退火的实际应用提高了 FS 结构的 IGBT 的性能，并使其能够投入到实际应用之中。

▶▶ 3.1.4 功率模块结构和制造工艺

功率器件通常以模块的形式供应，因为它们需要承受高达几千 V 的电压和几千 A 的额定电流。图 3.5 显示了模块中功率芯片周围的结构示意图。连接点的形成多用到焊料。此外，基板和散热鳍片是用导热树脂连接的。有了这种结构，硅功率模块的制造就毫无问题。如果焊料中出现空洞，热阻就会大大增加。因此，芯片背面金属的焊接润湿性很重要，目前的背面电极结构是由每个器件制造商经过适当的技术开发后确定的。

在功率模块的制造过程中，测试是在芯片状态下进行的。使用专用的芯片测试仪进行

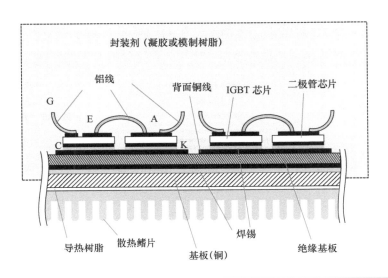

封装剂（凝胶或模制树脂）

铝线　　　　　背面铜线　　IGBT 芯片　　二极管芯片

G

E　　　　　　　A

C　　　　　　　K

导热树脂　　散热鳍片　　　基板（铜）　　焊锡　　　　　绝缘基板

图 3.5　模块中功率芯片周围的结构

模拟测试，之后将芯片分成良品和次品，并储存在芯片盒中。为了增加电流，功率器件通常是并联的，在这种情况下，尽可能根据芯片测试结果制造具有匹配特性的模块是很重要的。如果并联的芯片之间的 V_{th} 不同，那么先开启的芯片上的负载就会变高，这可能导致失效。

小容量的功率模块及分立的功率器件同 LSI 一致，通过转移模塑进行树脂密封。另一方面，大容量的功率模块是几 cm 到 10cm 见方的，并储存于外壳中。在这种情况下，硅凝胶被用于密封。当凝胶液化并流出时，可能会发生后期失效。

当大电流流经功率芯片时，芯片本身会产生热量。最高的温度是在铝线和芯片的交界处，这被称为结点温度（结温）T_j。硅功率模块的 T_j 为 150 ~ 175℃。这是因为硅在超过 200℃时热激发的载流子数量与通过掺杂产生的载流子数量接近，不能发挥作为半导体材料的作用。因此，硅功率模块必须在低于 200℃ 的温度下驱动。所以硅功率模块不需要有200℃ 以上的耐热性。

另一方面，在功率器件方面，作为硅的替代晶体材料，宽带隙半导体（WGS）引起了人们的注意。与硅器件相比，WGS 功率器件可以在更高的温度下运行。对于高温运行的功率器件，模块也必须兼容高温运行。下面将讨论高温运行模块。

▶▶ 3.1.5　**功率器件制造工艺和器件失效**

表 3.2 总结了功率器件制造工艺与器件失效之间的关系。由晶圆制造工艺引起的器件

缺陷和失效包括由于晶体结构缺陷和杂质污染引起的漏电失效和氧化膜耐压失效。晶体中的氧和碳也会影响器件性能和良率。此外，由于厚外延生长层质量而导致的失效也时常发生。

表 3.2　功率器件制造工艺和器件失效

制造工艺		失效因素和器件缺陷
晶圆制造工艺	晶体生长	结构缺陷→漏电流增加，氧化膜击穿电压下降 物理污染→漏电流增加 氧浓度异常 →吸杂失败 碳浓度异常→载流子寿命短
	加工	物理污染 → 漏电流增加 化学污染→氧化膜击穿电压下降 形状缺陷→光刻缺陷等
	外延生长	结构缺陷→漏电流增加，氧化膜击穿电压降低 物理污染 → 漏电流增加 电阻率和膜厚不均匀→特性异常
	清洗	物理污染 → 漏电流增加 化学污染→氧化膜击穿电压下降
芯片制造过程	光刻	图案形成缺陷
	刻蚀	沟槽加工中的图案形成缺陷等
	氧化/扩散	结构缺陷→漏电流增加，氧化膜击穿电压降低 物理污染→漏电流增加
	离子注入	器件特性故障 元件间漏电
	薄膜沉积	物理污染 → 图案形成不良
	寿命控制	开关特性的波动
	薄晶圆工艺	工艺缺陷（如晶圆翘曲和崩边）
模块制造过程	划片	崩边→产量下降
	贴片	空洞→发热
	焊线	应力→分层
	树脂密封	应力→分层 对芯片的损害

　　芯片制造工艺造成的器件缺陷和失效，其中因为形成 p 阱而进行数小时 1200℃下的高温工艺，导致晶体结构缺陷和杂质污染，产生了漏电失效。其他失效是由功率器件特有的

深沟槽加工、离子注入、载流子寿命控制和薄晶圆工艺等原因造成的。深沟槽和厚金属层的加工需要针对功率器件进行工艺开发。在 LSI 中，衬底载流子寿命越长越好，但在功率器件中，存在缩短衬底载流子寿命以改善器件特性的情况。在 LSI 中也进行衬底减薄，但在功率器件中，减薄后会在背面形成掺杂结构。

此外，在功率器件中，由于模块制造工艺的原因，会出现器件缺陷和失效。例如会发生贴片和焊线造成的失效或树脂密封工艺造成的失效。另外，近来为了满足高温模块化的需求，有必要开发新工艺。

焊模结合失败是由芯片制造过程和模块生产这两方面原因造成的。重要的是要确保沉积在衬底背面的镍与焊料合金化，但镍表面的氧化和合金化过程中的加工条件会对其造成影响。

下面将详细描述由晶圆制造工艺、芯片制造工艺和模块制造工艺引起的器件缺陷、失效及分析技术。

3.2 由晶圆制造工艺引起的器件缺陷及失效分析技术

▶▶ 3.2.1 由掺杂物杂质引起的缺陷及失效分析技术

图 3.6 显示了 P-I-N 结构中耐压层中的掺杂浓度与击穿电压之间的关系。I 代表本征

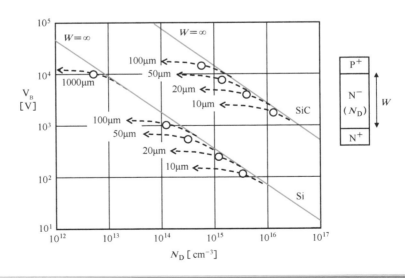

图 3.6　P-I-N 结构中耐压层中掺杂浓度和击穿电压之间的关系

半导体，但在功率器件中，它指的是用于维持击穿电压的 N⁻ 层。图中将 Si 与作为 WGS 的 SiC 进行了比较。N⁻ 层越厚，N⁻ 层掺杂浓度越低，可以达到的击穿电压就越高。对应于 N⁻ 层的厚度，击穿电压是存在上限的（图中的虚线），对于期望的击穿电压，图中圆圈所示的 N⁻ 层厚度和掺杂浓度的最佳值基本确定。这是因为增加 N⁻ 层厚度或降低掺杂浓度会导致导通电阻的增加。在 WGS 功率器件中，通过使用具有高击穿电场强度的材料代替 Si，可以用薄 N⁻ 层厚度和高浓度的 N⁻ 层实现高击穿电压和低导通电阻器件。

因此，N⁻ 层的浓度和厚度对功率器件非常重要。PT 型硅功率器件的 N 层缓冲层和 N⁻ 型耐压层是通过外延生长形成的。图 3.7 系统地显示了通过扩散电阻（SR：Spreading Resistance）测量杂质分布的分析方法和得到的结果。详细测量 N 型缓冲层和 N⁻ 型耐压层的电阻率是可能的，但是 SR 测量是一种破坏性的分析，不能频繁进行，并且为了提高准确性，SR 测量是通过对样品进行斜面抛光来进行的，如图 3.7（a）所示。一般来说，进行 SR 测量是为了确定外延生长的条件和分析缺陷。

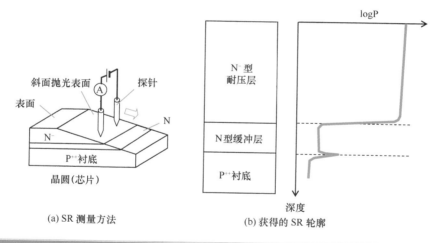

(a) SR 测量方法   (b) 获得的 SR 轮廓

图 3.7　通过 SR 测量分析掺杂分布情况

在晶圆制造中，N 型缓冲层和 N⁻ 型耐压层的电阻率的测量是通过 C-V（电容-电压）测量和四探针测量进行的，如图 3.8 所示。C-V 测量根据耗尽层宽度随外加电压的变化确定晶圆表面的电阻率（掺杂浓度），从而测量出 N⁻ 型耐压层的电阻率。C-V 测量包括使用汞探针或沉积金属电极的破坏性测量，以及不使电极与样品接触的非接触测量。另一方面，N 型缓冲层的电阻率可以通过四探针测量法来测量，它根据流经低电阻部分的电流导致的电压下降来测量电阻率。

然而，这些测量无法测出最为重要的 N⁻ 型耐压层内部电阻率的分布。它只能从晶圆最表面的电阻率来进行估测。因此，在功率器件中，外延生长引起的次品时有发生。

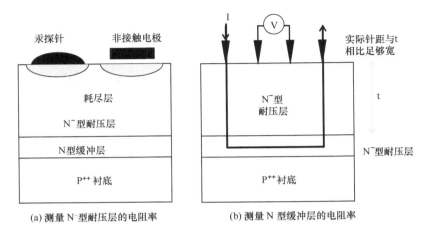

(a) 测量 N⁻型耐压层的电阻率　　　(b) 测量 N 型缓冲层的电阻率

图 3.8　N 型缓冲层和 N⁻型耐压层的电阻率

过去，作者对功率器件中晶圆引起的次品进行了数年的调查，发现最常见的次品是外延晶圆中的 ρ（电阻率）和 t（厚度）不良，并且这些 ρ、t 不良发生在所有采购的主要晶圆制造商之中。不幸的是，经常出现生产线疏于管理导致的次品晶圆。

▶▶ 3.2.2　由晶圆的晶体结构缺陷引起的缺陷及失效分析技术

高压集成电路（HVIC：High Voltage IC）是一种功率器件，图 3.9（a）显示了在击穿电压为 600V 的高压集成电路中，通过在器件横截面上的选择刻蚀方法来分析晶体缺陷的结果。在这个器件中，使用了 CZ 晶圆，在 P 型衬底的深层部分观察到大量的 BMD（体微缺陷），这些可能会导致器件缺陷。此外，这些 BMD 是由 CZ 晶圆中的氧化诱生层错（OSF）

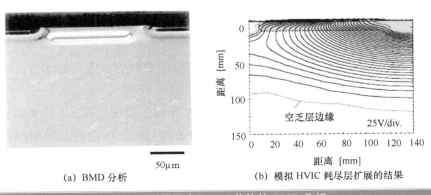

(a) BMD 分析　　　　　　(b) 模拟 HVIC 耗尽层扩展的结果

图 3.9　耐压不良 HVIC 芯片的 BMD 分析

核和间隙氧原子（Oi）引起的，并在器件制造的高温过程中表现为 BMD。

当施加 800V 电压时，图 3.9（b）显示了模拟 HVIC 耗尽层扩展的结果。可以看出，耗尽层扩展到了大约 100μm。耗尽层中存在缺陷导致了反向偏压下的漏电。这一结果表明，HVIC 需要一个几十 μm 的无缺陷区域。

图 3.10 显示了在合格晶圆和次品晶圆中，从横断面选择性刻蚀分析所计算出的无缺陷层（DZ：Denuded Zone）厚度的晶面分布结果。在食品晶圆上形成了 60~70μm 的无缺陷层，但在次品晶圆上只形成了 40μm 的无缺陷层。次品晶圆上 40μm 的无缺陷层，在普通的 MOS 型 LSI 中不会引起任何问题，反而可以期待其良好的吸杂效果。

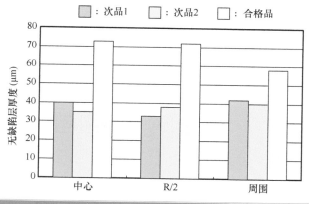

图 3.10　产品加工后的无缺陷层厚度

图 3.11 显示了合格品晶圆和次品晶圆的漏电流测量结果。无缺陷层宽约为 60μm 以上

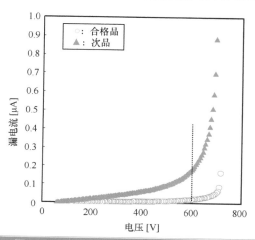

图 3.11　合格品及次品的漏电流测量结果

的合格品晶圆，具有良好的击穿电压特性。另一方面，对于 40μm 左右的次品晶圆，从施加几百 V 的电压开始，电流就会增加，在 600V 时漏电流会明显增加。

图 3.12 显示了合格品晶圆和次品晶圆的漏电流的温度特性。根据这些结果计算出的活化能值如图 3.12 所示。在合格品晶圆中，活化能分为两个区域，一个区域接近硅的禁带宽度，另一个区域大约是禁带宽度的 1/2。另一方面，在测量的整个温度范围内，次品晶圆的活化能约为禁带宽度的一半。这一结果表明，在次品晶圆中，在密集的浅层区域由 BMD 引起的缺陷形成了深能级中心，它作为一个产生中心，增加了整体的产生电流，引起了漏电失效。像这样在施加高电压的 HVIC 中，即使作为器件的工作区域的深度也仅有 10μm，但如果考虑到在施加高电压过程中耗尽层的延伸，也需要有 50μm 以上的无缺陷层。在这种情况下，通过优化衬底的氧杂质浓度来采取缺陷应对措施。

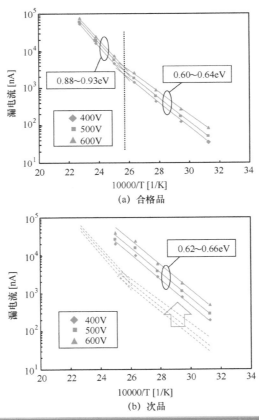

图 3.12　合格品及次品漏电流的温度特性

3.2.3 由晶圆载流子寿命引起的缺陷及失效及分析技术

图 3.13 显示了一个功率二极管的瞬态电流特性。当从正向偏压切换到反向偏压时，N^- 层中的载流子沿相反方向流动，因为它们没有快速被正向电流湮灭。这导致了一个大的反向电流 I_r 流动（图 3.13 中的虚线）。

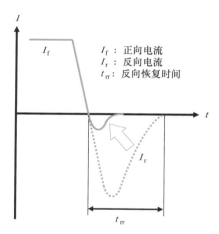

I_f：正向电流
I_r：反向电流
t_{rr}：反向恢复时间

图 3.13　功率二极管的瞬态电流特性

在使用外延片的功率二极管和 IGBT 中，反向电流是通过使用各种技术调整载流子寿命来控制的。载流子寿命是通过形成复合中心来调整的。最常见的方法是通过电子辐照形成复合中心。载流子寿命控制抑制了反向电流并缩短了反向恢复时间 t_{rr}（图 3.13 中从虚线到实线）。这使得提高响应速度和减少开关损失成为可能。

IGBT 的开关损耗（E_{OFF}）和导通电阻（R_{ON}）之间存在一种折中关系。图 3.14 显示了折中特性以及如何对其进行调整。一旦确定了器件结构，就用一个在单线上移动的特性来表示 E_{OFF} 和 R_{ON}。当开发出一个新的器件结构时，折中特性会向原点方向移动。

在一条折中特性线上，电子辐照量越高，载流子寿命越短，开关损耗越少，但导通电阻越高。如果注重导通电阻，电子辐照量会设置得较低。另一方面，如果注重开关损耗，则会增加电子辐照量。

载流子寿命的长短对器件特性有很大影响。因此，购买时晶圆的载流子寿命必须在规格范围内。晶圆制造商使用 μ-PCD 方法管理载流子寿命。然而，测量 P^{++} 衬底上外延层的载流子寿命是很困难的。因此，存在因原料气体和设备污染而造成缺陷的情况。

功率器件制造商通过调整晶圆制造商提供的每个晶圆的制造条件，来设定器件的载流子寿命。因此，所提供的晶圆的初始载流子寿命必须是恒定的。晶圆载流子寿命的恶化直接关系到其缺陷。此外，延长其初始载流子寿命也会导致特征缺陷。晶圆制造商提倡生产线清洁化，但这可能会导致器件缺陷。当时，笔者曾要求晶圆制造商不要进行生产线的清洁化。

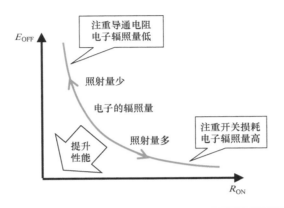

图 3.14　IGBT 的折中特性

▶▶ 3.2.4　外延生长造成的缺陷和形状异常

图 3.15 示意了由外延生长引起的缺陷和形状异常。背面的氧化膜是为了防止高浓度的杂质从衬底向外扩散到气氛中而形成的。外延生长的速度取决于晶体的取向。由于晶圆表面是以一定方向形成的，所以外延层是以一定的生长速度形成的。另一方面，晶圆边缘

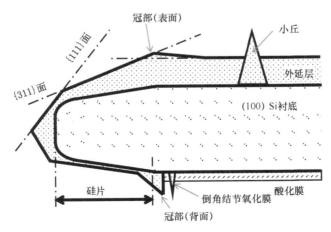

图 3.15　由外延生长引起的缺陷和形状异常

表面是倒角的，因此连续出现了各种取向的晶面。所以在晶圆边缘表面会出现异常的外延生长，这可能导致变为与原始晶圆不同的形状。小丘是源于晶圆表面的晶体缺陷或异物的堆积缺陷。小丘可以生长到外延膜的厚度（因此在功率器件用的外延晶圆之中，其厚度可变为 $50\sim100\mu m$）。在较早的设备制造过程中存在一个问题，即有一种光刻机，将被称为近距离曝光的光刻机掩膜与晶圆接近或接触，小丘的存在会划伤掩膜。因此，一种叫小丘粉碎机的设备机械地粉碎了这些小丘。然而，由于这样会产生粉尘问题，所以现在已经很少使用这种方法了。

在晶圆表面上，局部高于外延生长表面的部分被称为冠部。外延厚度越厚，冠部就越高，这对光刻过程有负面影响，并且光刻也取决于图示的倒角长度，一般来说，倒角长度越长，倒角越小。然而，较长的倒角会导致器件制造的有效面积减小。结节是不正常的生长，它发生于阻碍自掺杂的背面氧化膜存在缺陷（特别是孔洞）之时。结节也对光刻工艺产生了负面影响。

用于功率器件的外延晶圆，为降低串联电阻，使用了高浓度衬底片（功率 MOSFET 为 N^{++} 基片，IGBT 为 P^{++} 基片）。此外，需要厚的外延层作为耐压层，因此必须注意避免由于晶格常数的不同而造成晶圆的翘曲。表 3.3 显示了各种结构晶圆的翘曲形状。当高浓度衬底是 B 和 P 掺杂时，B 和 P 的共价半径比 Si 小，导致表面呈凸形。另一方面，当加入 Sb 或 As 时，共价半径比 Si 大，导致背面呈凸形。此外，在形成背面氧化膜的晶圆中，由于 Si 和 Si 氧化膜的热膨胀系数不同，会发生双金属片式翘曲。

表 3.3　晶圆结构及翘曲形状

晶圆结构	晶圆翘曲形状
P/P^{++}外延晶圆（B） N/N^{++}外延晶圆（P）	外延层 硅片
N/N^{++}外延晶圆（As、Sb）	外延层 硅片
附着背面氧化膜的晶圆	硅片 二氧化硅

图 3.16 显示了晶圆的翘曲分析结果，该晶圆在直径为 200mm 的高浓度 B 衬底（P^{++}衬底）上形成了低浓度 P 掺杂的厚外延层。P^{++}基片的 B 浓度、厚度以及缺陷发生的情况产生很大的影响，在具有约 $100\mu m$ 蒸镀层的晶圆中，其翘曲接近 $100\mu m$。当晶圆的翘曲超过 $100\mu m$ 时，就会出现无法用光刻机等工艺设备加工的问题。

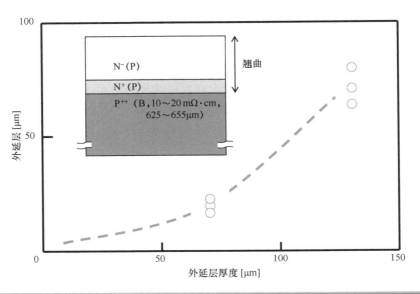

图 3.16 使用高浓度 B 衬底的外延层厚度

专栏：晶圆背面状态对工艺的影响

　　直径 200mm 以下的晶圆，是在背面已由晶圆制造过程中的刻蚀工艺进行处理后的状态下，交付给设备制造商的。刻蚀是采用酸性刻蚀或碱性刻蚀或两者混合的方式进行的，处理后的表面状况因条件不同而有很大差异。图 C1-1 显示了对酸性刻蚀和碱性刻蚀的晶圆进行激光显微镜分析的结果。在酸性刻蚀中，整个晶圆出现波纹，并在上面形成小的凹

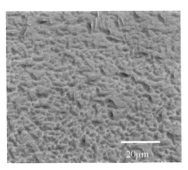

(a) 酸性刻蚀的背面状态

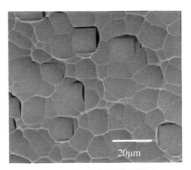

(b) 碱性刻蚀的背面状态

图 C1-1　用激光显微镜分析晶圆的背面状态

凸。在图 C1-1（a）中可以看到这些小凹凸。另一方面，在碱性刻蚀中，整个晶圆上不会出现波纹，而是形成了大的凹凸，如图 C1-1（b）所示。

背面状态的影响出现在从样品台进行冷却的设备中。图 C1-2 模式化地显示了酸性刻蚀和碱性刻蚀的晶圆与样品台的接触状态。与酸性刻蚀的表面相比，碱性刻蚀的表面与样品台的接触面积小，导致冷却效率降低。

(a) 酸性刻蚀　　　　　　样品台　　　　(b) 碱性刻蚀

图 C1-2　与样品台的接触状态

通过设定条件，这两种晶圆都可以毫无问题地投入工艺中，但是如果碱性刻蚀的晶圆和酸性刻蚀的晶圆混合在一起，在相同条件下处理时，干法刻蚀和薄膜沉积的速率会发生变化。此外，在去胶设备中，曾出现过这样的情况：在对酸蚀晶圆没有问题的条件下，碱蚀晶圆温度上升，导致光刻胶变性。

笔者经历过这样一个案例：晶圆制造商在没有通知的情况下改变了晶圆的刻蚀条件，造成了工艺缺陷。器件制造商并不太注意晶圆的背面状态，从而发生意想不到的问题。

3.3　由芯片制造工艺引起的器件缺陷及失效分析技术

▶▶ 3.3.1　位错引起的缺陷及失效分析技术

图 3.17 显示了外延片的 X 射线衍射分析结果，该外延片经过了相当于 600V 击穿电压的 IGBT 制造工艺的热处理。图 3.17（a）显示了在一般制造条件下的晶圆结果，其中外延层的厚度高达 $70\mu m$，导致许多失配位错发生。失配位错是由低电阻衬底和外延层之间的晶格常数差异引起的。

另一方面，滑移位错是由温度上升和下降过程中晶圆平面的温度差异引起的应力造成的。图 3.17（b）显示了在高温热处理过程中，通过加快温度上升和下降的速度来加速产生滑移位错的结果。伴随着失配位错的发生，在晶圆的中心和外围观察到大量的滑移位错。滑移位错发生在晶圆的中心和外围，这与以前报告的结果一致。

分析在加速滑移位错产生的工艺条件下制造的 600V 击穿电压 IGBT 的漏电流缺陷，并叠加在图 3.17（b）的 X 射线衍射照片上（缺陷元素用 x 表示），结果如图 3.18 所示。在滑移位错突出的晶圆中央和外围区域产生了漏电流缺陷，而且这些缺陷发生的区域彼此之间有良好的一致性。另一方面，在发生失配位错的区域，没有观察到失效率的显著增高。这些结果表明，滑移位错是产生漏电流缺陷的一个因素，而失配位错不会导致失效，并且高温热处理期间的顺序对抑制滑移位错很重要。

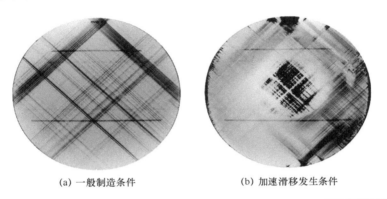

(a) 一般制造条件　　　　　　　　(b) 加速滑移发生条件

图 3.17　经过热处理的晶圆的 X 射线衍射分析

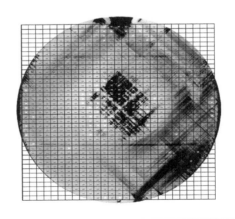

图 3.18　滑移位错与漏电失效器件的叠加

图 3.19 显示了滑移位错和失配位错的发生机制。如图 3.19（a）所示，失配位错源于晶圆周围的划痕和产生应力的区域，并且由于衬底和外延层的晶格常数不同而产生畸变，从而在衬底和外延层的界面延伸。失配位错很容易从晶圆的一端延伸到另一端，因为如果存在晶格畸变，它们在高温加工过程中会继续延伸。然后，畸变由界面上发生的失配位错所缓解。因此，失配位错不会集中在同一个位置发生。此外，位错延伸会在衬底

表面形成台阶，但由于原子的重新排列，外延层保持了良好的结晶性，不会造成器件缺陷。

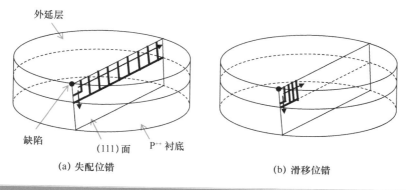

(a) 失配位错　　　　　　　　　　　　　(b) 滑移位错

图 3.19　失配位错与滑移位错的发生机制

另一方面，如图 3.19（b）所示，由于滑移位错是由晶圆表面内不均匀的温度引起的，所以滑移位错会从同一位置或多或少地持续发生。因此，一般认为在发生滑移位错的区域，有大量的位错延伸至晶圆表面，导致器件缺陷。

图 3.20 显示了通过拉曼散射光谱法对失配位错附近的应力分析结果。在分析中，我们采用了如下晶圆，即失配位错发生于该晶圆边缘，并保留在该晶圆内部。根据作者等人提出的失配位错的发生机制，在这种状态下，失配位错的尖端将延伸至晶圆表面。

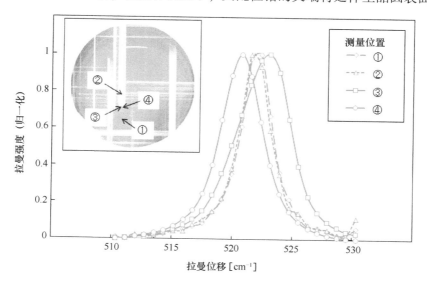

图 3.20　拉曼散射光谱法对失配位错附近的应力分析

当然，在①中没有应力产生，因为失配位错还没有到达该处，并且在②中也没有应力产生，因为失配位错已经发生。另一方面，我们观察到张应力和压应力发生在③和④处，这些地方被认为是位错延伸至晶圆表面的地方。这些结果对应于：1）失配位错的延伸是由于晶格失配引起的应力导致的；2）在失配位错发生后，晶格失配得以缓解；3）从晶圆边缘延伸至晶圆边缘的失配位错上，没有发生器件缺陷。

图 3.21 显示了用 TEM 对失配位错的结构进行分析的结果。测量点是图 3.21（a）和

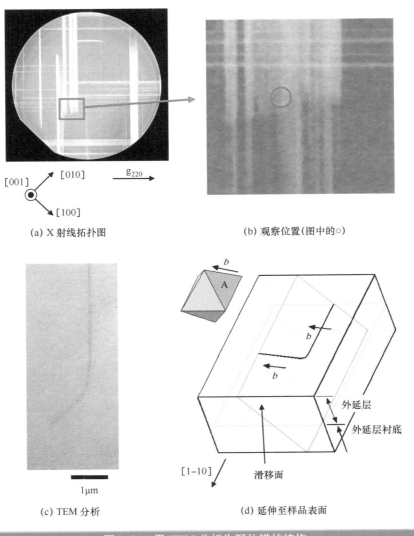

(a) X 射线拓扑图   (b) 观察位置(图中的○)

(c) TEM 分析   (d) 延伸至样品表面

图 3.21　用 TEM 分析失配位错的结构

图 3.21（b）中所示的失配位错延伸至晶圆表面的区域。图 3.21（c）所示的 TEM 样本中的失配位错延伸到平行于外延层/衬底界面的［1-10］方向，并在尖端处弯曲成［0-11］方向，在外延层一侧延伸至 TEM 样品表面，如图 3.21（d）所示。

此外，通过变更 g 矢量进行 TEM 测量可以得出结论，位错的伯格斯矢量与［0-11］平行（图 3.21 中的 b）。换言之，平行于［1-10］的位错是一个 60° 的位错，平行于［0-11］的位错是一个螺位错。根据位错线的方向和伯格斯矢量的方向，可以判断失配位错的滑移面是（111）平面（图 3.21（d）中的 A），并且 AFM 观察结果显示，在上述滑移面与外延层表面相交处有几 nm 的台阶，这说明错位线直接延伸至外延层的表面。上述分析结果与滑移位错导致器件缺陷的传统理论一致。因此，应尽量避免滑移位错。另一方面，如果要产生失配位错，应该让它们从晶圆一端延伸至晶圆另一端。可以认为，如果失配位错中断在晶圆平面内的话，将导致缺陷。然而，很少有器件工程师理解这种现象。

▶▶ 3.3.2　重金属污染引起的缺陷及失效分析技术

图 3.22 显示了测量 P-I-N 二极管被铁污染后，漏电流增加的结果。铁污染量是用 μ-PCD 方法通过载流子寿命值来监测的，载流子寿命值越小，污染量越大。当寿命值小于 100μs 时，漏电流明显增加。另外，载流子寿命值测量是在氧化膜钝化状态下进行的。结果表明，当铁污染使载流子寿命值低于 100μs 时，其超过了用于制造二极管工艺中的吸杂能力，导致漏电流的增加。

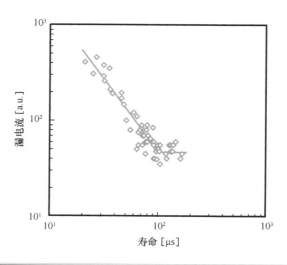

图 3.22　衬底寿命值与漏电流的关系

图 3.23 为在 1000℃和 1200℃热氧化时，使用 μ-PCD 方法测量铁污染量（Fe-B 浓度）的结果。测量是用 μ-PCD 方法，通过比较 Fe-B 键在光照射下解离前后的寿命测量值来进行的。1200℃的氧化显示了 Fe 污染的发生，特别是在晶圆周围。这表明污染是由支撑晶圆的基座和管道引起的。结果表明，在工艺温度较高的功率器件中，铁污染的影响可能是一个更大的问题。

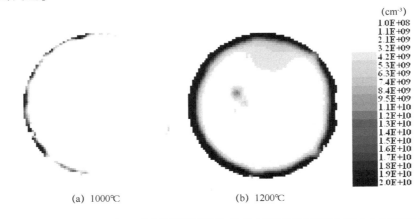

(a) 1000℃   (b) 1200℃

图 3.23　退火温度导致的铁污染量不同

铁是一种相对容易通过吸杂处理的杂质。此外，功率器件中的高工艺温度反而使得吸杂工艺的建构简化。然而，如图 3.22 所示，超出吸杂能力的污染会导致漏电失效。因此，对功率器件来说，构建吸杂技术是非常重要的。在吸杂中，最后的高温处理中缓慢冷却可以起到较好的效果。功率器件要求无缺陷的厚耐压层，因此长时间的缓慢冷却是有效的。

▶▶ 3.3.3　离子注入工艺引起的缺陷及失效分析技术

图 3.24 显示了 Si 中常用掺杂剂的扩散系数。对形成 N 型层的施主元素 P、As 和 Sb 进行比较可以发现，P 的扩散系数大于 As 和 Sb 的扩散系数。在 HVIC 中，一些产品通过 Sb 的离子注入和热扩散形成 n 阱来制造器件。在离子注入机中，使用磁场进行质量分离，所以理论上应该不容易发生离子源的污染。然而，当在同一装置中注入多种离子源时，不同材料可能会黏附在离子辐照部分的装置壁上。在这种情况下，无论如何通过质量分离来分离离子源，都会发生离子源的污染。

图 3.25 是在 Sb 注入过程中，由于 P 污染导致的阱间分离失败的示意图。由于 P 有很大的扩散系数，所以在 Sb 注入可以实现阱间分离的热处理条件下，P 污染也会导致阱之

间的漏电，导致元件间的分离失败。

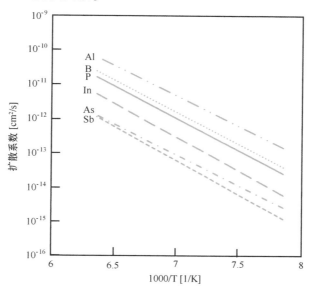

图 3.24   Si 中常用掺杂剂的扩散系数

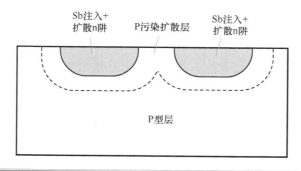

图 3.25   P 污染导致的阱间分离失败

经过各种分析，该情况下的缺陷可以通过 SCM 测量的杂质浓度分析来进行解析。上述缺陷告诉我们，不能在同一个离子注入机中进行多种离子源的注入。

▶▶ 3.3.4   沟槽工艺引起的缺陷及失效分析技术

功率 MOSFET 和 Si-IGBT 是目前应用最广泛的功率器件，为了降低导通电阻和实现小型化，它们大多是沟槽结构。一般来说，制备功率器件需要形成在 5μm 以上的沟槽。图 3.26 显示了功率器件沟槽中可能出现的缺陷。侧壁的角度和沟槽底部的"圆角"都十分重要。如果侧壁的角度接近 90°，在通过 CVD 的多晶硅沉积过程中会出现内部空洞，并且如果沟槽的底部倒角不够圆润，就会出现电场集中，从而导致器件特性变差。此外，在光刻或干法刻蚀过程中，异物的存在会导致形状缺陷。

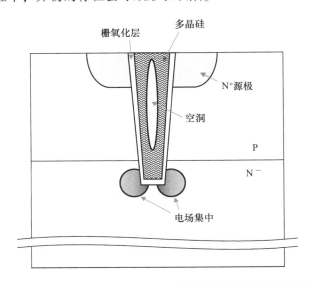

图 3.26　沟槽工艺引发的缺陷

然而，在综合生产线上测量深宽比较大的深沟槽的形状并非易事。虽然构建工艺时留有一定的余地，但某种检查是必要的。实际器件部分很难测量，因而要形成一个图案进行测量。形成具有相同深度但深宽比较小的图案，并使用测长 SEM 和 AFM 进行测量。

▶▶ 3.3.5　寿命控制引起的缺陷及失效分析技术

图 3.27 显示了各种载流子寿命控制过程中复合中心的水平。能量值为能级与价带顶端的距离。金和铂的扩散被称为致命扩散，长期以来一直被用于寿命控制。然而，固相扩散后，从晶圆表面去除金和铂需要进行王水处理，这在大于 200mm 的晶圆线上是无法进行的。

现在最常见的做法是电子辐照。通过电子辐照形成的复合中心被认为是空位（V：Vacancy）对 V-V（Divacancy），或空位和 P 对 P-V。

形成的复合中心的能级可以通过 DLTS（深能级瞬态光谱检测）来测量。图 3.28 显示了一个对电子辐照的硅晶圆进行 DLTS 测量的例子，其中在 50K、69K、88K、128K 和 220K 左右获得了峰值。220K 左右的峰值是位于导带以下 0.40eV 的能级，被认为是对应于 V-V 或 P-V 峰值。

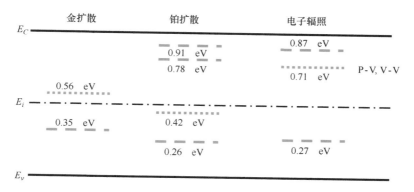

图 3. 27   用于控制寿命的复合中心

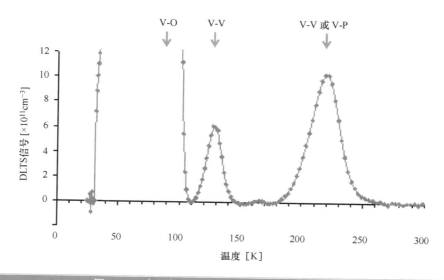

图 3. 28   电子辐照形成的复合中心的 DLTS 测量

最近发现，当施加大电流时，由电子辐照形成的复合中心的功率器件的特性会发生变化，这已成为一个问题。估计这是由硅晶圆中的碳造成的。此外，作者认为这种现象是由器件的小型化导致的电流密度增加造成的。Si-IGBT 和 P-I-N 二极管是双极器件。电流流动伴随着载流子的复合。这个过程中多余的能量会通过晶格振动影响复合中心，这被认为会导致缺陷的产生。

FTIR 法和 PL 法被用于分析硅中的碳。PL 法更适合于高灵敏度的测量。在 PL 法分析中，对硅晶圆施行电子辐照。电子辐照形成 C_i（间隙碳）-C_s（替位碳）键和 C_i-O_i（间隙氧）键。0.97eV 处的峰值被称为 G 线，是由于 C_i-C_s 产生的发光。0.79eV 处的峰值被称为 C 线，这是由于 C_i-O_i 产生的发光。

图 3.29 显示了硅晶圆中的碳浓度与 PL 测量中的 G 线强度之间的关系。我们在多个机构测量了九种不同碳浓度的样品（不同的制造商和生产方法），其结果几乎在一条线上，这表明 PL 法的优越性。

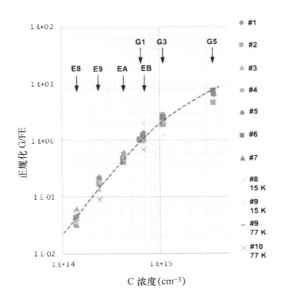

图 3.29　G 线强度对碳浓度依赖性

最近，碳对复合中心的影响已经通过仿真进行了分析。表 3.4 显示了通过第一性原理计算对结合能的结果反应。这些结果是与间隙 Si（I：Interstitial Si）、V、P、C_i、C_s 和 O_i 相关的键的结合能计算。形成寿命控制的复合中心的 V-P 和 V-V 的结合能分别为 1.02eV 和 1.52eV，这两个结合能相对较大。相比之下，由 V+C_i-O_i→C_s-O_i 反应形成的 C_s-O_i 的结合能是 4.58eV，并且由 V+C_i→C_s 反应形成的 C_s（V-C_i）的结合能为 5.44eV。这些结果表明，碳的存在可能会消灭由电子辐照形成的复合中心。

迄今为止，电子辐照主要用于低碳浓度的外延硅，但考虑到将来用于功率器件 300mm 的硅将问世，预计将使用 CZ 晶体，因此控制晶圆中的碳是非常重要的。

由于电子的质量很小，在晶圆的纵向全域上会形成电子辐照所形成的复合中心。相比之下，使用质量较大的质子（H^+）和氦离子（He^+），就可能控制离子辐照的范围。因此，可以通过辐照能量进行深度控制，也可以控制局部寿命。此外，氢已被证明在硅中充当施主杂质，可用于形成 N 型缓冲层。

表 3.4　通过第一性原理计算对结合能的结果反应

反应	E_b (Si 64) [eV]
$V + C_i \rightarrow C_s$	5.44
$V + C_i\text{-}O_i \rightarrow C_s\text{-}O_i$	4.58
$C_s + I \rightarrow C_i$ ($C_s\text{-}I$)	1.61
$V + V \rightarrow V\text{-}V$	1.52
$C_i + O_i \rightarrow C_i\text{-}O_i$	1.49
$V + C_i\text{-}C_s \rightarrow V\text{-}(C_i\text{-}C_s)$	1.48
$V + O_i \rightarrow V\text{-}O_i$	1.45
$C_i + C_s \rightarrow C_i\text{-}C_s$	1.36
$P + V \rightarrow V\text{-}P$	1.02
$P + C_i \rightarrow P\text{-}C_i$	0.88
$P + C_i\text{-}C_s \rightarrow P\text{-}(C_i\text{-}C_s)$	0.73
$P + C_i\text{-}O_i \rightarrow P\text{-}C_i + O_i$	0.53
$P + O_i \rightarrow P\text{-}O_i$	0.27

▶▶ 3.3.6　由晶圆工艺引起的缺陷及失效分析技术

　　薄晶圆工艺近年来已成为中压功率器件的主流，在该工艺中，必须将薄晶圆的厚度减薄至 $50\sim100\mu m$。此时，晶圆在其自身的重量下会扭曲，需要某种形式的加固。不同的制造商使用的方法不同，如用玻璃板或厚板进行加固。此外，晶圆越薄，晶圆边缘就越尖锐（刀刃化），这就成为一个问题。图 3.30 示意了由薄晶圆工艺引起的边缘轮廓的刀刃形状。这可能会因冲击产生异物、发生晶圆破碎等。诸如晶圆粘在晶盒上的缺陷也可能发生。

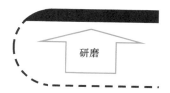

研磨

(a) 薄晶圆工艺之前　　　　　　(b) 薄晶圆工艺之后

图 3.30　由薄晶圆工艺引起的边缘轮廓的刀刃形状

　　图 3.31 的 TAIKO 工艺一次性解决了上述薄晶圆工艺的所有问题。在 TAIKO 工艺中，

只有晶圆的内部被薄化，而外周则很厚。用 TAIKO 工艺生产的晶圆完全没有发生变形，并且也不会发生崩边。TAIKO 工艺有可能成为一种主流的薄晶圆工艺，目前正在对其进行评估。

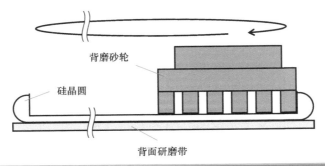

图 3.31　TAIKO 晶圆

 专栏：碱金属的加速氧化

作为影响器件的物理污染物，K 和 Na 等碱金属有时可以在硅的热氧化过程中加速氧化。图 C3-1 显示了碱金属污染的情况下，在晶圆背面沉积了多晶硅的晶圆上，SIMS（二次离子质谱）的分析结果。可以看出，K 和 Na 在多晶硅和硅的界面上发生了偏析。当这种晶圆被热氧化时，K 和 Na 在高温下被释放到大气中，导致形成的氧化膜出现异常。

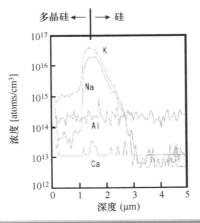

图 C3-1　晶圆背面的 SIMS 分析结果

如图 C3-2 所示，当 K 的峰值浓度超过 10^{16} 原子/cm^3 时，氧化速度会加快 10% 左右。

因此，碱金属在热氧化过程中可能会诱发异常。一般认为碱金属的污染源是晶圆制造过程中的碱性刻蚀和人为因素，所以需要注意。

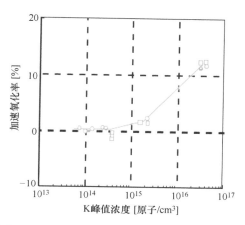

图 C3-2　K 峰值浓度与加速氧化的关系

　　作者曾经历过的碱金属引起的加速氧化失效，就是生产线工人发现的硅片上的氧化膜出现了由其厚度决定的干扰色。生产线工人注意到了这个缺陷，因为其颜色与通常的颜色不同。在大规模生产中，任何不寻常的东西都意味着将有事情发生。

3.4　由模块制造工艺引起的设备缺陷及失效分析技术

▶▶ 3.4.1　功率模块的热阻

　　功率模块各个部件的热阻可以通过瞬态热分析来测量。图 3.32 显示了通过瞬态热测量来测量各个部件的热阻原理。当热量通过图 3.32（a）所示的路径传递时，热传导由图 3.32（b）所示的热阻和热容量的等效电路来模拟。焊料和绝缘板的热阻很大。图 3.32（c）显示了一个示例，该示例是瞬态热测量的测量结果。从直线的斜率可以看出由于缺陷等原因造成的热阻变化。

　　根据热阻测量的结果，可以进行热力学仿真。过去，功率模块的开发是基于设计者的直觉和经验。如今，运用仿真的开发已经成为可能。开发功率模块所需的分析技术是电磁分析、热分析和应力分析。

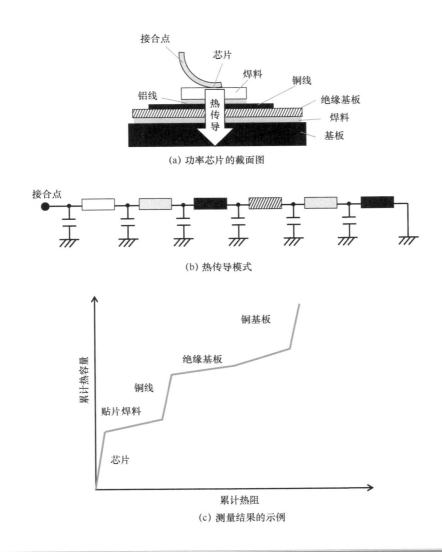

(a) 功率芯片的截面图

(b) 热传导模式

(c) 测量结果的示例

图 3.32　通过瞬态热测量来测量各部件的热阻

▶▶ 3.4.2　贴片造成的缺陷及失效分析技术

导致功率器件缺陷的因素之一是芯片背面粘接处的空洞。如图 3.33 所示，当焊料润湿不良时，焊料中会出现空洞。空洞抑制了热传导，导致芯片的温度上升，造成缺陷。背面电极一般由镍制成，以与焊料合金化，但由于镍容易氧化，镍的表面必须用金等材料保护。如果有任何缺陷，焊料的润湿性就会降低，出现空洞。作为镍的抗氧化工艺，市场上有设备可以在氢或甲酸的还原性气氛中处理镍。

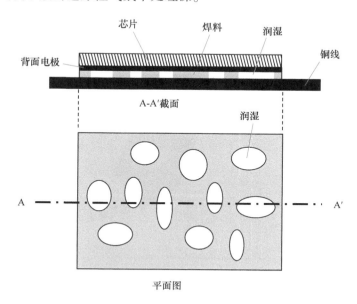

图 3. 33   焊料空洞导致的热阻故障

空洞可以用 X 射线和超声波来分析。然而，很难检查全部产品，检查是在模块开发过程中或在抽样基础上进行的。因此，往往只有在发生故障并进行分析时才会发现空洞的存在。此外，还存在一种情况，即产品发货时没有发现缺陷，导致了后期失效。

镍能与焊料混合，但如果所有的镍都发生反应，那将产生缺陷。因此，有必要留下一定量的镍。因此，会留有余量地形成较厚的镍层，设备故障（长期停止）会导致所有镍被合金化这一缺陷。然而，增厚镍也是成本上升和导通电阻增大的要因。

▶▶ 3. 4. 3   引线键合引起的缺陷及失效分析技术

铝的引线键合是通过直接在设备上方的超声波接合来完成的（见图 3.2）。这种结构的设计是为了在不增加芯片尺寸的情况下允许大电流导通。几根铝线被键合在一个芯片上，但是如果后来的铝线被键合在已键合好的铝线上时，键合就会失败。因此，这些导线需要以一定的间距进行键合。这限制了可以键合导线的数量，并阻碍了电流密度的提高。近年来，人们考虑使用铝带和铜线，有些已经投入到了实际使用中。

如图 3.34 所示，接合区存在的异物不仅会导致引线键合失效，还会直接导致下方的器件失效。模块生产线并不像芯片生产线一样洁净度较高。在划片和键合过程中，切实地避免出现异物是很重要的。

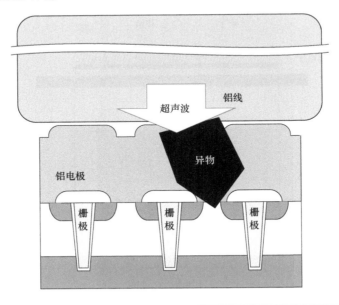

超声波　铝线

铝电极

异物

栅极　栅极　栅极

图 3.34　引线键合失效

3.4.4　高温运行的模块

作为用于功率器件的 WGS 材料，SiC 是第一个投入市场的。SiC 功率器件对 T_j 要求暂为 250℃ 左右，预计未来会达到 300℃ 以上。SiC 功率芯片模块化的首要问题是划片。用于 Si 晶圆划片的刀轮划片可以在试制阶段用于 SiC 晶圆切割，但不适合大规模生产。为突破这一问题，激光切割已作为一项新技术被开发实现。

图 3.35 从概念上显示了功率模块耐热性的制约因素。想象一下桶中储水的情况，就更易于理解。单个要素的性能由桶板的高度表示，而桶中可储水的量代表耐热性。无论单个要素的性能如何提升，总性能都会被性能最差的要素拖累。在功率器件的高温运行中，有必要在背面接合技术、芯片封装技术和提取大电流等方面开发突破性技术。

当温度超过 200~250℃ 时，现在模块中使用的焊料和导热硅脂就不能再使用。就导热硅脂而言，我们正在进行向无导热硅脂结构的转变，不使用导热硅脂。对于背面接合，我们正考虑使用金属纳米颗粒作为替代焊料的接合法。当金属被缩小到纳米大小时，表面积增加，熔点降低。利用这一特性，在 200~300℃ 的温度下进行加工，有可能形成耐热性为 500℃ 以上的背面接合。

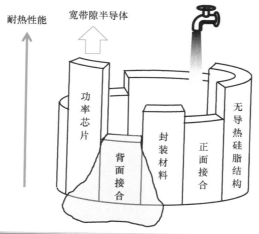

耐热性能

宽带隙半导体

功率芯片

背面接合

封装材料

正面接合

无导热硅脂结构

图 3.35　耐热性的制约因素概念图

　　封装材料也很重要。越是在高温中使用，就越难保证对温度变化的可靠性。因此，周围材料的热膨胀系数变得越来越重要。当封装材料的热膨胀系数与芯片接近时，意味着它将根据芯片的膨胀和收缩，以同样的方式膨胀和收缩，从而改善耐热性。硅的热膨胀系数是 $5×10^{-6}\mathrm{K}^{-1}$，而 SiC 的热膨胀系数是 $3.7～6.6×10^{-6}\mathrm{K}^{-1}$。需要开发具有接近这些数值的热膨胀系数的封装材料。

　　在开发功率模块时，要进行功率循环测试和热循环测试。图 3.36 显示了功率循环测试和热循环测试期间的温度变化，其中 T_c 是外壳温度和基板底部的温度，并且在运行过程中，铝线和功率芯片之间的结点温度为 T_j。T_c 的变化 ΔT_c 和 T_j 的变化 ΔT_j 是可靠性测试的关键指标。T_c 随着系统的启动和停止而缓慢变化。这种变化被称为热循环。另一方面，随着器件的开启和关闭，T_j 在短时间内发生变化。这种变化被称为功率周期。

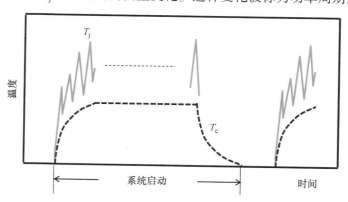

温度

T_j

T_c

系统启动

时间

图 3.36　功率模块的温度变化

功率循环中的高应力区域在评估的温度范围内有所不同，由于热膨胀系数的不同，应力被施加到不同的区域。这些应力都会导致破裂和失效。这些是功率器件的主要失效之一，产品化需要在详细的器件可靠性分析基础上进行。图 3.37 显示了 ΔT_c 及 ΔT_j 与失效周期数之间的关系。根据它可以对功率器件的寿命进行评估。器件制造商在产品开发期间一定会进行此类评估，其结果发布在产品规格表中。

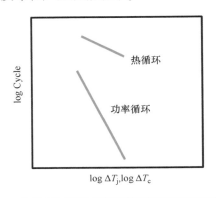

图 3.37　功率模块的可靠性测试

3.5　功率器件的其他分析技术

▶▶ 3.5.1　缺陷和故障位置的检测技术

主流的功率器件是垂直型的，芯片的顶部和底部形成电极，开关器件和二极管是作为单个元件在单个芯片上制造的。器件的大部分区域是耐压层，由于缺陷或污染，这些器件经常发生故障。

一些器件结构在芯片表面形成，通过顶部电极金属连接。此外，还形成了栅电极和保护环等结构。因此，在表面一侧，需要局部的故障定位识别技术。

图 3.38 显示了一个使用光发射显微镜和 OBIRCH 对沟槽栅极 IGBT 进行漏电流位置识别的示例。故障识别点略有不同。这是因为光发射显微镜和 OBIRCH 中的可检测失效模式有部分不同。

只用光发射显微镜检测到的失效是沟槽栅极局部狭窄的形状故障。用光发射显微镜和 OBIRCH 检测到的失效是沟槽栅极底部的栅极氧化膜的异常，是栅极和 Si 衬底之间短路之处。只用 OBIRCH 检测到的失效是沟槽栅极孔径形状的异常。因此，光发射显微镜和

OBIRCH 分析的结合增加了可检测失效模式的种类。

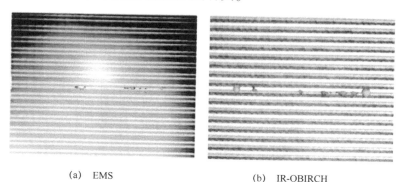

(a)　EMS　　　　　　　　　　　(b)　IR-OBIRCH

图 3.38　通过光发射显微镜和 OBIRCH 进行漏电流的位置识别

图 3.39 显示了一个通过 OBIRCH 识别商用 SiC-MOSFET 的漏电流位置的例子。分析是从背面进行的，如果衬底很厚，样品倾斜，位置识别的准确度就会下降。因此，通过对衬底背面进行抛光，可以提高在表面一侧识别漏电流位置的准确性。图 3.39（a）是整个芯片的观察结果，图 3.39（b）是在高倍放大镜下观察的结果。可以看出，在图案的边缘出现了一些缺陷。

(a) 芯片整体　　　　　　　　　　(b) 高倍率

图 3.39　通过 OBIRCH 识别 SiC-MOSFET 的漏电流位置

缺陷部分的 TEM 分析确认了从栅极到外延层的消失区域。一般认为产生缺陷的原因是这个区域的栅极和源极之间的短路。

▶▶ 3.5.2　缺陷、故障位置的无损检测技术

图 3.40 显示了与超声波扫描显微镜图像叠加后的结果。测量中采用了 InSb 相机。LIT 是一种获取与施加电压同步的发热分布的方法。它可以进行无损检测，但取决于被观察表

面的发射率。特别是金属具有低发射率，但在散热器上粘贴具有高发射率的覆盖材料（胶带）可以提高其灵敏度。灵敏度在很大程度上取决于覆盖材料的材质，以聚酯为基础的覆盖材料显示出更高的灵敏度。

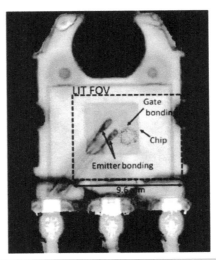

图 3.40　与超声波扫描显微镜图像叠加后的结果

图 3.40 显示了与超声波扫描显微镜图像叠加后的结果，从产生的热量可以分析出故障位置。为了确认失效案例中该位置的故障原因，事后将散热器拆下，用扫描激光显微镜和 OBIRCH 进行分析。结果，这个失效案例被认为是由布线中的缺陷引起的。

图 3.41 显示了通过超声波刺激电阻变化（SOBIRCH）识别漏电流位置的例子。40MHz

(a) SOBIRCH 图像　　　　　　　　(b) 叠加超声波反射图像

图 3.41　SOBIRCH 识别漏电流位置

的超声波通过水作为介质传播到样品。将偏置电压加在样品上，检测由超声波刺激产生的样品的电阻变化。与 LIT 观察热传播到封装表面的状态相比，SOBIRCH 提高了定位的准确性。

图 3.41（a）显示了 SOBIRCH 的图像，其中超声波从封装外部聚焦到布线上，观察通过施加外部电压的电阻波动情况。图 3.41（b）是叠加了超声波反射图像的结果。可以看出，缺陷发生在芯片的周围。与基于 LIT 的分析方法进行比较表明，SOBIRCH 可以在与 LIT 相比较低的外加电压下实现缺陷范围的定位。

图 3.42（a）是通过磁场显微镜识别漏电流位置的示例。磁场显微镜对电流产生的磁场分布进行无损成像，通过数学转换，实现电流路径可视化。因此，有可能在封装状态下识别短路位置。

（a）通过磁场显微镜识别漏电流位置 　　　　（b）在扫描超声显微镜图像上的叠加

图 3.42　磁场显微镜识别漏电流位置

磁场是用 TMR（隧道磁阻）传感器测量的。由电流产生的静态磁场在相对磁导率接近 1 的金属中几乎没有衰减。图 3.42（b）是与超声显微镜图像的叠加，显示了从外围栅电极到表层的源极焊盘（Al 线）的特定路径，这被推测为短路位置。

▶▶ 3.5.3　使用多功能 SPM 对功率器件进行结构分析

图 3.43 显示了笔者等人开发的多功能 SPM 的配置示例，它结合了 AFM、开尔文探针力显微镜（KFM）和扫描电容显微镜（SCFM），构建起一个纳米级的观测系统。

通过 AFM 获得表面形貌，通过 KFM 获得表面电位图像，通过 SCFM 对静电力中 3 倍频率分量的相位检测获得微分电容图像。悬臂是非接触的，可以在有电流的实际工作状态下进行测量。

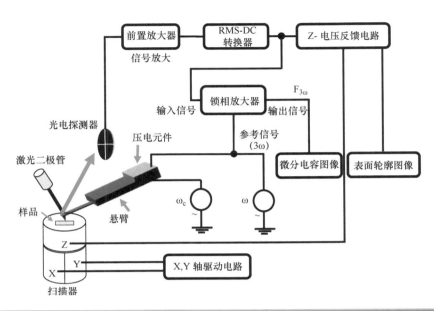

图 3.43   多功能 SPM 的配置示例

举一个使用多功能 SPM 对一个具有 600V 击穿电压的 Si-SJ（超级结） MOSFET 进行分析的例子。图 3.44 显示了 Si-SJ MOSFET 的预测结构和 SCFM 的测量结果。可以对 P 型和 N 型区域的重复结构进行分析，并且还可以看出，耐压层的厚度约为 40μm。这一数值对于基于 SJ 结构的低导通电阻设计是合理的。

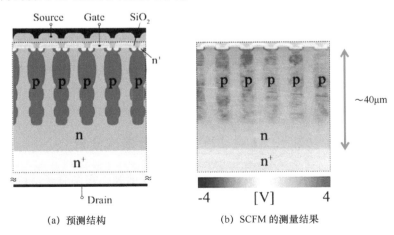

(a) 预测结构   (b) SCFM 的测量结果

图 3.44   Si-SJ MOSFET 的预测结构和 SCFM 的测量结果

图 3.45 显示了在器件工作状态下，多功能 SPM 对 Si-SJ MOSFET 的分析结果。在 V_{DS} =

0V 时，Si-SJ MOSFET 处于关闭状态。在漏极和源极之间施加 $V_{DS} = 10V$、栅极电压 $V_{GS} = 5V$ 的条件下，漏极电流 $I_D = 90mA$。即使在电流通电的情况下，悬臂也是非接触式的，可以无误地观测操作物，并且在工作状态下，可以分析分布在 P 型和 N 型区域的耗尽层扩展情况。

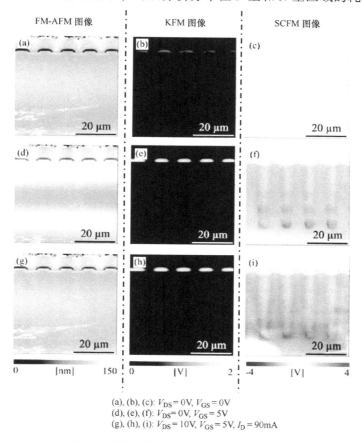

(a), (b), (c): $V_{DS} = 0V$, $V_{GS} = 0V$
(d), (e), (f): $V_{DS} = 0V$, $V_{GS} = 5V$
(g), (h), (i): $V_{DS} = 10V$, $V_{GS} = 5V$, $I_D = 90mA$

图 3.45　器件工作状态下，多功能 SPM 对 Si-SJ MOSFET 的测量结果

▶▶ 3.5.4　WGS 中晶体缺陷的分析技术

目前由晶圆制造商生产的硅单晶是无位错的。如上所述，位错和污染等是由外延生长和芯片制造过程引入的。另一方面，目前的 WGS 单晶有大量的缺陷。其中混杂着一些导致器件失效的致命缺陷和另一些非致命缺陷。目前，WGS 功率器件的制造良率远远低于硅器件。为了推进对芯片制造引起的缺陷和失效的分析，首先必须减少 WGS 晶圆的致命缺陷。SiC 正在越来越多地被投入市场，接下来将介绍有关 SiC 缺陷的分析技术。

图 3.46 显示了通过光学显微镜观察到的 SiC 表面缺陷的例子。检测技术的改进使得缺陷分类识别和缺陷分布测量成为可能。微管是由直径为 $1\sim10\mu m$ 的螺形位错引起的空心缺陷。三角形缺陷、胡萝卜缺陷和彗星缺陷是 SiC 中常见的表面缺陷，因为这些是致命的缺陷，所以必须减少。划痕被认为是由镜面抛光引起的表面研磨损伤。

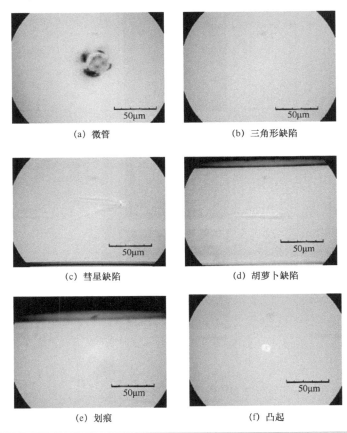

(a) 微管　　　　　　　　　　　(b) 三角形缺陷

(c) 彗星缺陷　　　　　　　　　(d) 胡萝卜缺陷

(e) 划痕　　　　　　　　　　　(f) 凸起

图 3.46　SiC 代表性的晶圆表面缺陷（光学显微镜观察）

能够测量表面缺陷并进行分类识别的设备已上市。晶圆制造商和器件制造商之间不断地反馈以下内容：各自拥有具有同等检测能力的设备，以分析缺陷、识别致命缺陷并建立减少缺陷的晶体制造技术。这将改进器件特性，提高产量。

图 3.47 显示了基于 SiC 晶体选择性刻蚀方法的分析结果。加热到约 500°C 的 KOH 常被用于 SiC 的选择性刻蚀。此外，还用到了 NaOH+KOH 和 Na_2O_2+KOH 等。该方法可以使得贯穿型刃位错（TED）、贯穿型螺位错（TSD）及基平面位错（BPD）显现出来。

已有报道称，刻蚀坑密度与 SiC 肖特基势垒二极管（SBD）的低漏电流缺陷之间存在关联性。人们认为，贯穿型位错是造成器件缺陷的原因，并且也有报道称，在 MOSFET 中，微坑是在贯穿型位错的表面暴露部分形成的，导致氧化膜局部变薄，从而引起耐压失效。

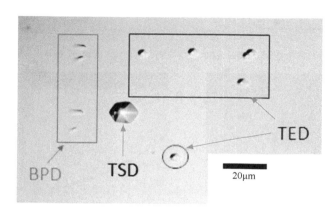

图 3.47　基于 SiC 晶体选择性刻蚀方法的分析结果

必须减少堆垛层错（SF），因为它们确实会降低器件性能。众所周知，在 SiC 器件中，由于双极型运行会导致位错转变为堆垛层错。因此，目前市场上的所有 SiC 器件都是单极型器件（SBD 和功率 MOSFET）。图 3.48 显示了 SiC 晶体中堆垛层错的结构及其分析结果。图 3.48（a）是 SiC 晶体中堆垛层错的结构示意图。最常用的 SiC 衬底是 4° 偏轴衬底，堆垛层错沿基平面从背面延伸到表面。

图 3.48（b）显示了用 X 射线形貌术对 SiC 晶体中堆垛层错的测量结果。堆垛层错表现为浓度的对比，而且堆垛层错延伸至正面或背面处会变为直线。

图 3.48（c）显示了用 PL 方法测量堆垛层错的结果。观察到的是线状发光。线状发光是由于在堆垛层错延伸至表面的区域发光被观测到。

图 3.48（d）是叠加了 X 射线形貌术和 PL 测量的结果。它们高度一致，表明测量的是相同的堆垛层错。

图 3.49 显示了用镜像电子显微镜（MEM）测量 SiC 堆垛层错的结果。镜像电子显微镜的配置与普通 SEM 相似。通过对样品施加一个负的偏压，反射所有的入射电子。反射电子的方向反映了表面形貌及由于表面电荷产生的电位形状，形成可视化的图像。

晶圆表面的堆垛层错及堆垛层错从晶圆表面向内部的延伸，可以用镜像电子显微镜进行测量。该图显示了与 X 射线形貌术测量结果的对应关系。内部延伸的角度因每个堆垛层错而异，但在所有堆垛层错中，X 射线形貌术和镜面电子显微镜测量的角度是一致的。

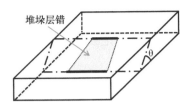

(a)SiC 晶体中堆垛层错的结构

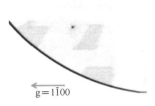

(b)X 射线形貌术测量 SiC 晶体中的堆垛层错

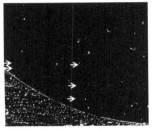

(c)用 PL 方法测量堆垛层错

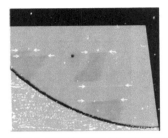

(d)叠加了 X 射线形貌术和 PL 测量的结果

图 3.48　SiC 晶体中堆垛层错的结构及其测量

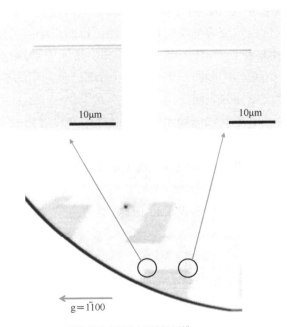

X射线形貌术测量SiC堆垛层错

图 3.49　镜像电子显微镜测量 SiC 堆垛层错

图 3.50 显示了用 TEM 测量 SiC 堆垛层错的结果，其中插入 4H-SiC 晶体中的堆垛层错的层结构得到了清晰的展示。在图 3.50（a）的情况下，上部和下部 4H 结构的周期性（4 的倍数）被打破（3×3＝9），这可以通过 X 射线形貌术测量。另一方面，在图 3.50（b）的情况下，上部和下部 4H 结构的周期性被保留（3×4＝12），不能通过 X 射线形貌术测量。

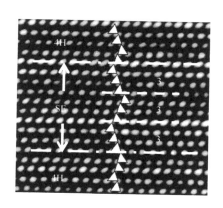

(a) 可用 X 射线形貌术测量

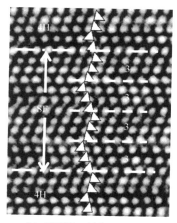

(b) 不可用 X 射线形貌术测量

图 3.50　用 TEM 测量 SiC 堆垛层错

　专栏：增大用于功率器件的晶圆直径

作者推动了功率器件向 200mm 晶圆的转变。当时，没有任何设备制造商在 200mm 晶圆上大规模生产功率器件。具有 1200V 耐压的 IGBT 被选定为 200mm 晶圆上第一个生产的功率器件。我们进行了 PT 型 IGBT 的试制，PT 型在晶圆上使用外延晶圆。外延层的厚度要求约为 100μm，这是晶圆制造商不大愿意接受的一个规格。尽管如此，此时对 LSI 的需求并不十分紧张，尚且能够供应。用于 200mm 晶圆的外延设备是笔者作为 COP 措施介绍给晶圆制造商的，这对功率器件转为 200mm 晶圆很有帮助。

表 C3-1 显示了用于硅功率器件的 300mm 晶圆的候选技术。表中指出了技术问题和其难易程度。总之，目前还没有找到解决方案。气相掺杂的 FZ 产品作为目前 200mm 晶圆的延长，很有吸引力，但技术上有很大障碍。中子辐照法长期以来一直用于小直径晶圆，但它需要核反应堆，这对 300mm 晶圆来说并不现实。在 MCZ（磁场应用 CZ）方法中，必须克服偏析现象，这一直是实际应用的一个障碍。我们期待晶体制造商的技术开发。外延晶圆也是一个候选方案。由于翘曲问题，在传统的 p^{++} 衬底上生长会很困难。另一方面，薄晶圆工艺的组合具有较小的技术障碍。在这种情况下，没有必要使用 p^{++} 基质，因为所有衬底都是通过研磨去除的。因此，晶圆的翘曲不成问题。

世界上最大的欧洲功率器件制造商已开始在 300mm 晶圆上制造功率器件。另一方面，日本的功率器件制造商在制造 300mm 晶圆方面还没有进展。如果这样下去，恐怕日本功率器件的地位会下降。

表 C3-1　用于硅功率器件的 300mm 晶圆候选

候 选	挑 战 等	难度及成本
气相掺杂的 FZ 晶体	杂质浓度的控制（面内均匀性） 颗粒状多晶硅的连续进料	有挑战性
MCZ 晶体+中子辐照	晶体生长不是问题 中子辐照难以量产	不太行得通
熔融生长的 MCZ 晶体	控制杂质浓度（纵向）→气相掺杂等技术开发	有挑战性
n/p^{++} 外延晶圆+寿命控制	寿命控制不是问题 晶圆翘曲	不太行得通
n/i 外延晶圆+薄晶圆工艺	衬底浓度不是问题→抗翘曲 不需要寿命控制	有挑战性

▶▶ 第 3 章练习题

问题 1：载流子浓度的测量

以下哪种方法不适合测量半导体中的载流子浓度？

（1）四探针法　　　　　　（2）DLTS

（3）SR　　　　　　　　　（4）C-V 法

（5）霍尔效应

问题 2：结构缺陷的测量（由晶体无序导致的晶体缺陷）

以下哪种方法不适合测量结构缺陷？

（1）TEM　　　　　　　　（2）X 射线形貌术

（3）μ-PCD　　　　　　　（4）SEM

（5）选择性刻蚀

问题 3：对硅中的碳进行高灵敏度的测量

以下哪种方法是对硅中的碳最灵敏的分析方法？

（1） FTIR　　　　　　　（2） SIMS

（3） μ-PCD　　　　　　 （4） PL

（5） SPM

练习的答案见本书最后。

▶▶ 第 3 章参考文献

［1］　山本秀和：『パワーデバイス』コロナ社，7.2.1 項，p.88，2012 年 2 月.

［2］　山本秀和：『パワーデバイス』コロナ社，6.1.2 項，p.68，2012 年 2 月.

［3］　山本秀和：『パワーデバイス』コロナ社，9.4 節，p.126，2012 年 2 月.

［4］　山本秀和：『はかる×わかる半導体 パワーエレクトロニクス編』，日経 BP コンサルティング，3.1.5 項，p.133，2019 年 5 月.

［5］　山本秀和：『はかる×わかる半導体 パワーエレクトロニクス編』，日経 BP コンサルティング，3.2.3 項，p.141，2019 年 5 月.

［6］　山本秀和：『ワイドギャップ半導体パワーデバイス』コロナ社，3.1.4 項，p.27，2015 年 3 月.

［7］　Hidekazu Yamamoto and Tamotsu Hashizume : "Selection of silicon wafer for power devices and the influence of crystal defects including impurities", *Phys. Status Solidi* C 8, pp.362-665 (2011).

［8］　山本秀和：「パワーデバイス用 Si 結晶」，電気学会誌，137 巻，pp.675-676，2017 年.

［9］　山本秀和：『パワーデバイス』，コロナ社，9.3.2 項，p.123，2012 年.

［10］　Naoto Kitaki, Shota Yamaga, Kohta Kawamoto, and Hidekazu Yamamoto,"Elucidation of Misfit Dislocation Generation Mechanisms in Silicon Epitaxial Wafers", The 6th International Symposium on Advanced Science and Technology of Silicon Materials, E-18, pp.123-126 （2012）

［11］　中居克彦，二木登史郎，永井哲也，野網健悟，山本秀和：「X 線トポグラフィ，TEM による Si 中の転位評価」，応用物理学会 シリコンテクノロジー分科会，2015 年.

［12］　山本秀和：『ワイドギャップ半導体パワーデバイス』，コロナ社，9.2.2 項，p.122，2015 年 3 月.

［13］　田島道夫，佐俣秀一，中川聰子，織山純，石原範之：第 80 回応用物理学会秋季学術講演会 講演予稿集，18p-C212-1，2019 年.

［14］　Daiki Tsuchiya, Koji Sueoka, and Hidekazu Yamamoto : "Density Functional Theory Study on Defect Behavior Related to the Bulk Lifetime of Silicon Crystals for Power Device Application", *Phys. Status Solidi* A, 1800615(1 to 17) (2019).

［15］　清井明：「パワーデバイス用 Si のライフタイム制御工程で生じる点欠陥の評価」，第 6 回パワーデバイス用シリコンおよび関連半導体材料に関する研究会，2018 年.

［16］　八坂慎一，三橋雅彦，田口勇，篠原俊朗：「熱過渡特性測定システムの構築」，神奈川県産業技術センター研究報告，pp.6-10，2014 年.

［17］　山本秀和：『ワイドギャップ半導体パワーデバイス』，コロナ社，15.1.5 項，p.180，2015 年 3 月.

［18］ 山本秀和：『ワイドギャップ半導体パワーデバイス』, コロナ社, 15.2.1 項, p.181, 2015 年 3 月.

［19］ 両角朗, 山田克己, 宮坂忠志：「パワー半導体モジュールにおける信頼性設計技術」, 富士時報, 74 巻, pp.145-148, 2001 年.

［20］ 山下文昭, 楠茂, 金鎬：「素子の品質管理と分析技術」, 三菱電機技報, 84 巻, pp.259-262, 2010 年.

［21］ 垂水喜明, 迫秀樹, 杉江隆一：「SiC MOSFET における故障箇所観察精度向上への取組み」, 第 37 回ナノテスティングシンポジウム会議録, pp.201-206, 2017 年.

［22］ 茅根慎通, 松本徹, 越川一成：「高放射率被覆材の探索によるパワー半導体デバイスの発熱解析能力向上」, 第 38 回ナノテスティングシンポジウム会議録, pp.1-6, 2018 年.

［23］ 松本徹, 江浦茂, 伊藤能弘, 松井拓人, 穂積直裕：「SOBIRCH のパッケージ故障解析への適用」, 第 38 回ナノテスティングシンポジウム会議録, pp.7-12, 2018 年.

［24］ 西川記央, 堤雅義, 山本幸三, 照井裕二：「磁場顕微鏡を用いた非破壊でのパワーデバイスのショート箇所特定」, 第 37 回ナノテスティングシンポジウム会議録, pp.31-34, 2017 年.

［25］ 佐藤宣夫，「走査型容量原子間力顕微鏡によるパワー半導体デバイスのナノスケール評価」, 第 38 回ナノテスティングシンポジウム会議録, pp.55-58（2018）.

［26］ Atsushi Doi, Mizuki Nakajim, Sho Masuda, Nobuo Satoh, and Hidekazu Yamamoto："Cross-sectional observation in nanoscale for Si power MOSFET by atomic force microscopy/Kelvin probe force microscopy/scanning capacitance force microscopy", *Japanese Journal of Applied Physics*, 58, SIIA04（2019）.

［27］ 山本秀和：『ワイドギャップ半導体パワーデバイス』コロナ社, 9.1.1 項, p.108, 2015 年 3 月.

［28］ 山本秀和：『ワイドギャップ半導体パワーデバイス』コロナ社, 9.1.2 項, p.110, 2015 年 3 月.

［29］ 渡辺行彦, 勝野高志, 石川剛, 藤原広和, 山本敏雅：「SiC ショットキーダイオードの特性と欠陥の関係」, 表面科学, 35 巻, pp.84-89, 2014 年.

［30］ Hidekazu Yamamoto："Assessment of Stacking Faults in Silicon Carbide Crystals", *Sensors and Materials*, vol.25, pp.177-187（2015）.

［31］ 山本秀和：『ワイドギャップ半導体パワーデバイス』コロナ社, 9.1.3 項, p.110, 2015 年 3 月.

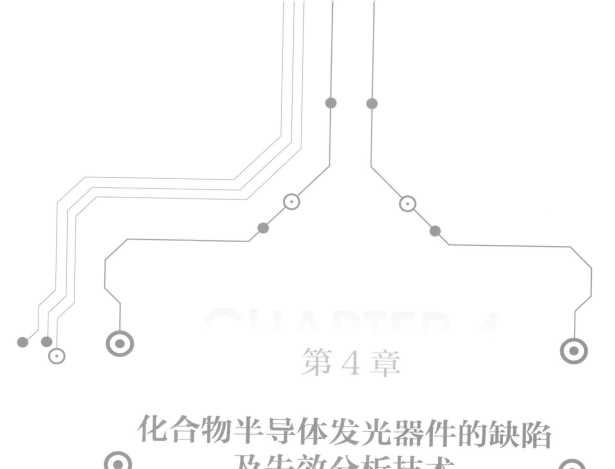

第 4 章

化合物半导体发光器件的缺陷
及失效分析技术

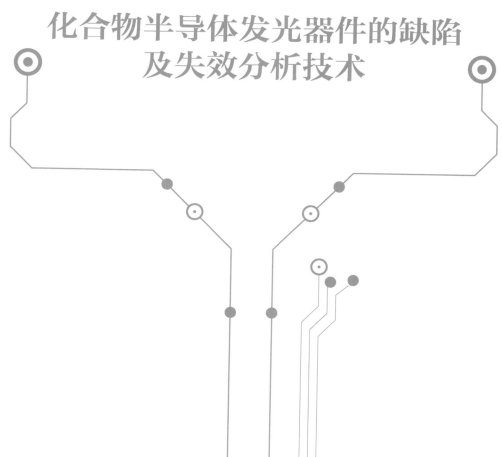

目前，Ⅲ-Ⅴ族化合物半导体发光器件，如半导体激光器和 LED，被广泛用于社会和产业领域。其中不仅包括光纤通信，还包括信息通信、移动通信等系统，各种标识、显示屏、音视频设备、照明、医疗应用等。在如此广泛的领域中使用这些设备，往往会由于设备的劣化而导致系统和电子设备故障和失灵。

为了防患于未然，必须确保元件的长期可靠性。为此，需要在器件开发现场，通过分析筛选测试和可靠性测试了解劣化元件的劣化情况，查明机制，并对元件制作工艺进行反馈。

另外，配备元件的电子设备和系统在发生现场失效（客户使用期间）时，厂商也必须采用同样的流程进行分析。发光器件劣化分析与 LSI 的其他器件的分析有部分相同，也有其固有的分析方法，系统流程图没有显示得很详细。

本章将根据多年经验，系统地介绍发光器件的劣化分析技术。首先对发光器件的可靠性进行引导性说明。接下来概述对发光器件至关重要的可靠性测试，解释它们的目的。然后说明劣化分析的要素技术：外观检查技术、电学分析技术、光学分析技术、结晶学分析技术，以及化学组成分析技术。最后介绍发光器件可靠性分析的流程图示例，系统叙述从外观检查到劣化部结构分析的分析工程。

4.1 化合物半导体发光器件的工作原理和结构

▶▶ 4.1.1 发光二极管（LED）

顾名思义，发光二极管是一种可以发光的二极管。如图 4.1 所示，LED 是具有 PN 结的半导体，当施加正向电压时，来自 N 侧区域的电子和来自 P 侧区域的空穴移动到 PN 结

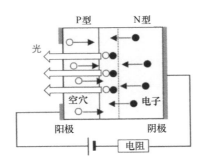

图 4.1 LED 的工作原理

（电流流动）并复合，此时会发光，即自由电子和空穴结合时产生的能量是以光的形式释放出来的。

这种能量大小被称为禁带宽度（bandgap，带隙），不同材料的带隙有所差异。较窄的带隙会发出波长较长的光，较宽的带隙则会发出波长较短的光。图 4.2 显示了通信用 1.3μm 波段 InGaAsP/InP LED 的截面结构。这种情况下，发光部是直径为 60μm 的圆形，光线从上方输出并进入光纤。

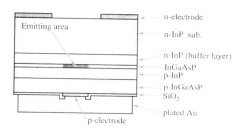

图 4.2　LED 的截面结构

▶▶ 4.1.2　半导体激光器（LD）

与 LED 一样，半导体激光器（LD）一般也由 PN 结（双异质结）组成。但 LD 的结构是将注入电流集中在被称为条纹的宽度为 1 至数 μm 的狭窄区域，电子和空穴在该区域高效复合，产生激光。另外，激光芯片的两端被加工成镜面，整体形成一个谐振腔。因此，光在谐振腔内往复运动而被放大，并输出到外部。

图 4.3 和图 4.4 分别显示了半导体激光器的工作原理和嵌入式 0.8μm 波段 GaAlAs 类激光器的结构示意图。

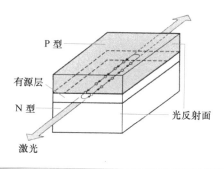

图 4.3　半导体激光器的工作原理

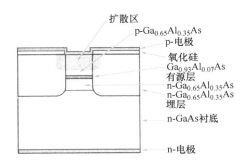

图 4.4　嵌入式 0.8μm 波段 GaAlAs 类激光器的结构示意图

4.2　化合物半导体发光器件的可靠性（以半导体激光器为例）

在讲解发光器件劣化分析技术之前，先探讨在评估和分析元件可靠性时需要注意的一些关键点。

▶▶ 4.2.1　基本特性

图 4.5 表示电流-光功率特性曲线（也叫作 I-L 曲线），它是半导体激光器特性的基础。当电流通过时，激光器最初会产生自然发射的光，到达阈值电流 I_{th} 时才会发生振荡。此后，随着电流的增加，光功率逐渐增大。振荡后 I-L 曲线的斜率表示为 $\Delta P_o / \Delta I$，这被称为微分量子效率或斜率效率，斜率越陡峭特性越好。

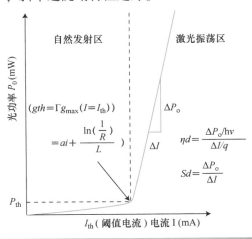

图 4.5　半导体激光器的电流-光功率特性曲线

评价激光器可靠性的重要指标有阈值电流、恒定功率驱动时的工作电流和斜率效率的变化率等。也就是说，随着劣化的进行，阈值会增大，恒定功率驱动时的工作电流也会增大，进而斜率效率会降低。

▶▶ 4.2.2 缺陷分析（良品与缺陷的判定）

在对元件进行可靠性测试之前，器件制造商通常会判断并区分良品和次品。图 4.6 是这种分类的例子。图 4.6（a）显示了一个典型的半导体激光器的 I-L 曲线，这是正常的。然而，在某些情况下，I-L 曲线会发生弯曲，如图 4.6（b）所示。这就是所谓的扭结。这种情况下，激光器会出现模式不稳定、噪点较多等现象，可以判断为次品。对次品芯片通过划痕做记号（称为标记）以便识别，然后将次品一并去除（良品芯片筛选）。

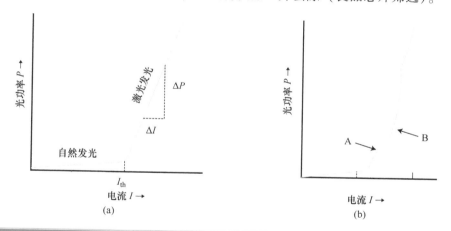

图 4.6 光功率特性的良品/次品判断

▶▶ 4.2.3 伴随劣化的特性变化

在前文所述的良品与次品判定中，被筛选为良品的激光元件之后会经历怎样的过程呢？图 4.7 是一个典型的良好激光元件的 I-L 曲线的时间变化示意图。

图 4.7 显示了激光器从①到⑤的 5 个阶段的特性变化。①是开始通电时的 I-L 曲线，形状正常。②是经过一段时间后的曲线，阈值略微增大，斜率效率也略微倾斜。另外，维持恒定功率 P_i 的电流 I_{op} 也略微增大。再过一段时间时的特性如③所示。这时阈值显著增大，斜率效率也呈现出饱和趋势。此外，I_{op} 比初始值增加了 50%。再经过一段时间如④所示，阈值显著增大，斜率效率也出现饱和，勉强维持最初的光功率。进一步工作后，终于达到⑤所示的停止振荡状态。

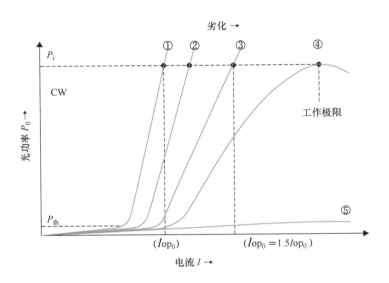

图 4.7　激光器从 1 到 5 的 5 个阶段的特性变化

▶▶ 4.2.4　寿命的定义

在上一节描述的激光器运行过程中，我们很难知道如何很好地定义元件寿命，器件制造商通常这样定义。

寿命的定义：

1）阈值电流。

$I_{th} = 1.2 I_{th}^0$（I_{th}>100mA，特性较差的器件组）

$I_{th} = 1.5 I_{th}^0$（I_{th}<50mA，特性优良的器件组）

2）通电电流（恒定功率驱动）。

$I = 1.2 I(op_0)$（I_{th}>100mA，特性较差的器件组）

$I = 1.5 I(op_0)$（I_{th}<50mA，特性优良的器件组）

其中 I_{th}^0 和 $I(op_0)$ 分别是初始阈值电流和保持恒定功率的驱动电流。这样的寿命定义可以应用于 4.3.2 小节所述的高温加速测试。

▶▶ 4.2.5　器件的一般劣化表现

最后将描述器件的一般劣化表现。图 4.8 显示了在恒定功率驱动下，半导体激光器工作电流随时间的变化。实线显示的是正常元件的情况，工作电流从初期开始呈缓慢增加的趋势，经过相当长的时间后，其劣化速度会增加，达到寿命的终点。虚线所示的曲线虽然初期工作电流较大，但其劣化率与正常产品没有任何区别，所以也属于正常变化。另一方面，点画线所示曲线显然从初始阶段就有很高的劣化率，将被作为初始劣化产品（次品）淘汰。

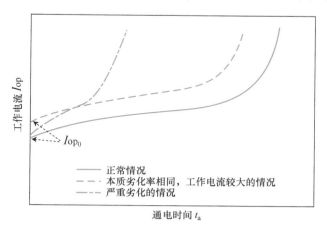

图 4.8 工作电流随时间的变化（半导体激光器：恒定功率工作）

4.3 化合物半导体发光器件的可靠性测试

　　器件可靠性测试中，LSI 的测试很多情况下会对电子元件进行多方面测试，但发光器件的可靠性测试固有方法并不多。在此概述其四种主要测试方法：通电测试、高温加速测试、大电流通电测试以及 ESD 测试。

▶▶ 4.3.1 通电测试

　　顾名思义，这是单纯的通电试验。只是在半导体激光器中，为了保持 APC（恒定功率工作），如功率 5mW，电流会被调节。通常情况下，随着时间推移会逐渐劣化，因此通电电流会缓慢上升。在 LED 的情况下，以恒定电流工作（ACC）时，例如电流被设置为 100mA，随着时间的推移，功率电流会逐渐下降。

　　这个测试也根据不同目的分为两种。一种是短时间（以 100 小时为标准）的通电测试，这也叫作筛选（良品筛选测试）。在这么短的时间内该劣化的也会发生劣化。也就是所谓的快速劣化。用这种方法去除快速劣化品，筛选出良品。对次品元件要有意识地进行划痕（称为标记），之后再筛选。最近，很多厂商将该作业自动化。另一种是在给定的环境、条件（周围温度、光功率等）下进行的相对长期的试验，也称为寿命试验（或长期可靠性试验）。这可以认为是在客户需求条件下保证寿命的试验。通常对一定数量的元件（通常为 8 个元件左右）进行高温、高功率下的测试，如图 4.9 所示。

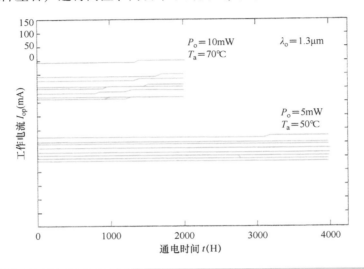

图 4.9　通信用 1.3μm 波段 InGaAsP/InP 激光器寿命试验

　　这是通信用 1.3μm 波段半导体激光器的寿命测试，同时进行 70℃、10mW 以及 50℃、5mW 两个条件的寿命测试。之后要通电到客户要求的时间（例如 10000 小时），以证明不会出现问题。

▶▶4.3.2　高温加速测试（寿命预测）

　　另一个重要的测试是（数点的）高温加速测试，以确定所需温度下的寿命。这是指：在低温下无法预测寿命的情况，有意识地在相当高的几个温度（例如 80~200℃）下进行通电试验，然后根据当时的数据，采用一种叫作阿伦尼乌斯图的方法，来估计所需温度（如 50℃）下的产品寿命。关于激光器的寿命，已经在 4.2 节中叙述过。寿命（τ）一般用以下公式定义。

$$\tau = \tau_0 \exp\ (-E_a/kT_j)$$

　　其中，k 是玻尔兹曼常数；T_j 是结温（K），τ_0 是常数，E_a 是活化能（eV）。k = 8.6157× 10^{-5} eV/K。

　　而 LED 则通过计算恒定功率工作下的劣化率 β 来推算寿命。具体如图 4.10 所示，根据从初始功率开始的变化，即表示相对功率（P/P_o）的时间变化的直线斜率，求出其温

度下的劣化率 β。这些参数之间的关系用以下公式表示：

$$P = P_{o} \exp(-\beta t)$$

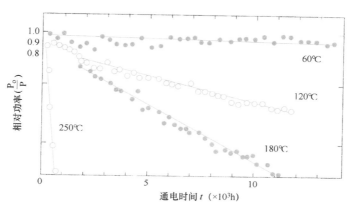

图 4.10　AlGaAs DH LED 高温寿命试验

劣化率 β 如下所示。

$$\beta = \beta_0 \exp(-E_a / kT)$$

将得到的 β 和 $1/T$ 绘制成图，如图 4.11 所示。

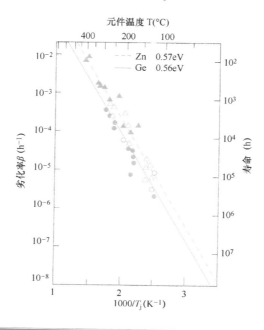

图 4.11　AlGaAs DH LED 的劣化率阿伦尼乌斯图

这被称为阿伦尼乌斯图,根据该图,可通过外推求得所需温度下的寿命,还可根据直线的斜率求得活化能 E_a(eV)。活化能的值越高,该器件的可靠度越高。在这种情况下,以 AlGaAs/GaAs 类 LED 为例,活化能为 0.56eV,可以说是标准值。这个值很重要,因为结合其他实验结果(例如对深能级的分析),有时可以估计出劣化机制。

图 4.12 是 InGaAsP/InP DH LED 的高温加速试验的例子,由此可知,根据所使用的电极材料的不同,劣化率也有很大的不同。它告诉人们,非合金电极具有较低的劣化率和较高的可靠性。

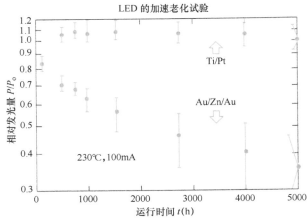

图 4.12   InGaAsP/InP DH LED 的高温寿命试验(电极材料相关性)

另外,图 4.14 显示出了从图 4.13 的 InGaAsP/InP DH LED 的加速测试中获得的阿伦尼

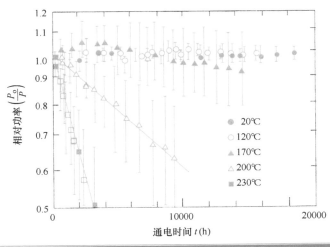

图 4.13   InGaAsP/InP DH LED 的高温寿命试验

乌斯图。在这种情况下，由于其不受发光波长影响而呈直线，表明了劣化与晶体组成无关。由此获得的活化能约为 1.0eV，比 AlGaAs/GaAs 类 LED 的大，可靠度更高。另外，与 InP 中 Au 扩散相关的活化能接近 1.2eV。此外，采用对 Au 阻隔性高的 Ti/Pt/Au 电极，寿命增加了一个数量级以上（图 4.14）。因此这种情况下的劣化可能是由于通电过程中 Au 的扩散造成的。

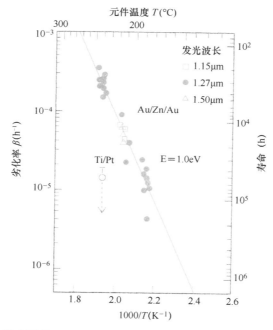

注：P 电极主要是 Au/Zn/Au，只有标有 Ti/Pt 的数据使用 Ti/Pt/Au。

图 4.14　来自 InGaAsP/InP DH LED 高温寿命试验的阿伦尼乌斯图

▶▶ 4.3.3　大电流通电测试

　　另外，为了检测浪涌电流（开关开启/关闭时的过大电流）引起的劣化强度，也经常会进行高电流脉冲测试。这是一种非常简单的测试，将一次性电流脉冲以逐渐增大的方式施加到元件上，以确定发生劣化的电流值。这种情况也会经常检查与脉冲宽度的相关性。

　　图 4.15 显示了对 LED 进行大电流脉冲测试的结果。其通常呈递减状态，即脉冲宽度越长，击穿电流值越低。

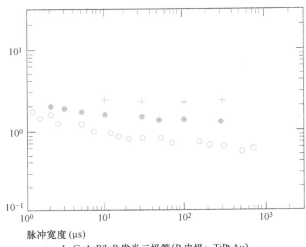

脉冲宽度(μs)

+: In GaAsP/InP 发光二极管(P 电极；TiPt Au)

●: In GaAsP/InP 发光二极管(P 电极；AuZnAu)

○: GaAl As/GaAs 发光二极管

图 4.15　LED 的大电流脉冲测试结果

4.3.4　ESD 测试

通常也会进行静电破坏（ESD）造成的劣化测试（ESD 测试）。图 4.16 显示了基于典

试验项目	JEITA 规格号码	试验目的	条件	相关规格
静电破坏 （HBM/ESD）	EIAJ ED-4701/300 试验方法 304	本试验是为了分析处理器件过程中对静电的耐性	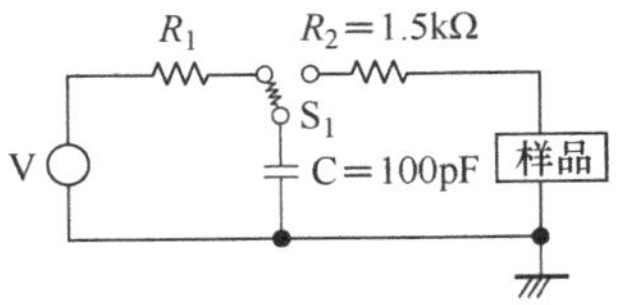 V：直流电压（正负两极性），按规定 T_a：25℃ 施加次数：3 次 施加端子：除参考端子外的所有端子 （MM/ESD：参考测试） $C=200pF$ $R_2=0\Omega$ 施加次数：1 次	MIL-STD-883C 3015.6 JESD22-A114

图 4.16　基于人体模型（HBM）的 ESD 测试的电路配置、测试条件

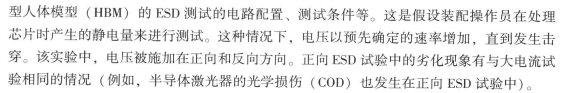

型人体模型（HBM）的 ESD 测试的电路配置、测试条件等。这是假设装配操作员在处理芯片时产生的静电量来进行测试。这种情况下，电压以预先确定的速率增加，直到发生击穿。该实验中，电压被施加在正向和反向方向。正向 ESD 试验中的劣化现象有与大电流试验相同的情况（例如，半导体激光器的光学损伤（COD）也发生在正向 ESD 试验中）。

除上述测试外，还可根据需求进行高温暴露测试。对于封装产品，还可进行高温高湿测试和温度循环测试。

4.4　化合物半导体发光器件缺陷及失效分析的基本技术

在半导体发光器件的劣化分析中，首先进行无损检查的外观检查，然后进行电学分析、光学分析，最后对劣化部的结晶学（结构、组成等）进行分析。在此详细说明这些要素技术。

▶▶ 4.4.1　外观检查技术

外观检查技术通常使用光学显微镜（微分干涉显微镜）。此外也经常使用能以高倍率观察的扫描电子显微镜（SEM）。

1. 微分干涉显微镜

微分干涉显微镜是一种利用光干涉的显微镜，是目前观察半导体晶体表面所不可缺少的。这种显微镜不仅能对物体进行三维观察，而且还能检测出表面的微小凹凸。此外，利用干涉色观察图像可以获得色彩丰富的图像。图 4.17 显示了透射型微分干涉显微镜的截面示意图。

通过偏振器的线性偏振光首先被一个沃拉斯顿棱镜⊖进行分光，变成一对相互正交的线性偏振光束。这些偏振光被一个凸透镜会聚为平行光，并在通过样品时发生相位变化。此时，它们之间没有相位差，但当它们之后通过物镜和沃拉斯顿棱镜时，两束光合轴并产生了相位差 δ。然而，由于两者的偏振面是相互正交的，通过检测器提取偏振面方向的分量，就会产生干涉。相位差 δ 由以下公式给出。

$$\delta = \frac{2\pi P}{\lambda}\left(n\, \frac{\partial t}{\partial x} + t\, \frac{\partial n}{\partial x} \right)$$

⊖　将 2 个方解石或水晶材质的直角棱镜以斜边相接的方式组合成长方体状的棱镜。通过棱镜可以得到一组相互正交的线偏振光。

其中，P 是横向偏移量，λ 是光的波长，n 是样品的折射率，t 是样品的厚度。其中，n 不变时，δ 与厚度的微分成比例，因此得到的图像反映了样品厚度或表面凹凸变化。在观察半导体晶体表面时，使用反射式微分干涉显微镜，其原理与透射式显微镜基本相同。这种方法可以观察到晶体表面从大台阶到 10nm 的微小凹凸现象都能显示对比度差异。

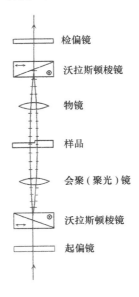

检偏镜
沃拉斯顿棱镜
物镜
样品
会聚（聚光）镜
沃拉斯顿棱镜
起偏镜

图 4.17　透射微分干涉显微镜的截面示意图

然而，值得注意的是，这种方法的缺点包括：无法确定 δ 的符号而无法确定绝对的凹凸性；对凹凸的灵敏度在横矢量 P 的方向上为峰值，而在正交方向上为零，不能以同样的灵敏度获得整个视野。

2. 扫描电子显微镜（SEM）

扫描电子显微镜（SEM：Scanning Electron Microscope）是分析块状样品的最重要的电子显微镜。该装置的示意图如图 4.18 所示。在这个仪器中，由电子枪产生的电子束被加速，经过 1~3 阶段的收敛，得到最终的电子探针，用于样品表面的扫描。探针的直径取决于所使用的灯丝：钨灯丝为 5~10nm、LaB_6 灯丝为 2~5nm、场发射枪（field emission gun）为 0.5~2nm。最小探针直径受最小允许电流（10^{-12}~10^{-11} A）的限制。

图像是将扫描样品表面化的电子束和样品相互作用产生的所有信号进行亮度调制，并反映在 CRT 上。这里最常用的信号是二次电子（具有 2~5eV 的能量）和反射电子（具有从入射电子的能量到大约 50eV 的能量）。此外，半导体也可以使用电子束感应电流

（EBIC：Electron Beam Induced Current）和样品吸收电流。分析型 SEM 也可以使用俄歇电子、特征 X 射线或阴极荧光。此外，为了获得样品表面的结晶学信息，可以使用电子通道图案（Electron Channeling Pattern），即通过改变入射电子束的角度而获得的反射电子图像。

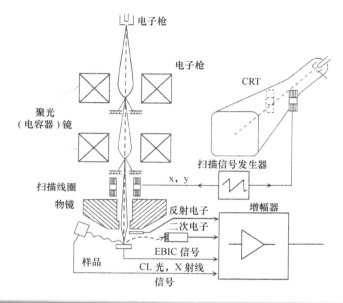

图 4.18　扫描电子显微镜结构示意图

在 SEM 中，分辨率取决于所使用的信号类型，当使用二次电子时可获得最高值。目前，市面上的仪器能够达到 1~2nm 及更好的分辨率。

▶▶ 4.4.2　电学分析技术

本节介绍劣化元件的电学分析技术。首先稍微涉及深能级（Deep level）分析方法，该方法与点缺陷及其复合体相对应，随后将概述具有复杂截面结构的元件（如嵌入式激光器）中 PN 结的几种方法。

1. 深能级分析

DLTS（Deep Level Transient Spectroscopy）法：DLTS 方法可以通过确定半导体中耗尽层电容的瞬时变化来确定深能级位置、浓度，甚至载流子捕获截面积。这种方法主要用于分析块状晶体和外延片，对发光器件的分析比较困难（必须制造一个台面型大尺寸特殊二极管），而且只有少数 LED 报道过[1,2]，在此不做说明。

2. PN 结的分析

1) 截面 EBIC 法。

EBIC（Electron Beam Induced Current）法是利用由电子束在半导体内引起的电流来分析半导体的电气性质和半导体中缺陷的方法。样品必须是在晶体生长过程中通过扩散或掺杂形成 PN 结，或形成肖特基电极的半导体。有两种分析方法：①电子束垂直于 PN 结注入的方法（平面 EBIC 方法，图 4.19（b））；②电子束平行于 PN 结注入的方法（截面 EBIC 方法，图 4.19（c））。图 4.19（a）显示了块状样品的平面 EBIC 方法的情况，连接一个肖特基电极并施加反向偏压，在扩大耗尽层的同时进行分析。这里将阐述截面 EBIC 法。

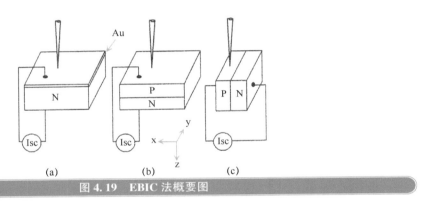

图 4.19　EBIC 法概要图

在这种方法中，电子束被注入到样品的侧面，例如破裂片的截面。这时可以分析空穴和电子在 P 层和 N 层的扩散长度。当电子束垂直于 PN 结从晶体表面向内部扫描时，产生的电流 I 如下[3]。

$$I \propto \exp(Lp \cdot Ln/x)$$

其中 x 是距 PN 结的距离，Lp 和 Ln 分别是空穴和电子的扩散长度。由此，可以绘制 ln(I)-x 的曲线，并从斜率中计算 Lp 或 Ln。

此外，从 I 的线型图（图 4.20）、PN 结处的耗尽层扩散以及分布图像中，可以分析器件中各部分的局部异常情况，具体如下。

● 通电期间 PN 结和界面的劣化。

● 器件制造工程中，热处理过程中杂质（如 P 型掺杂物）的扩散程度。

2) SCM（扫描容量显微镜）。

观察 PN 结的分析方法有扫描隧道光谱学（STS）[4]、开尔文探针力显微镜（KFM）[5]、扫描扩散电阻显微镜（SSRM）[6]和扫描电容显微镜（SCM）[7]。这里介绍最常用的扫描电容显微镜。

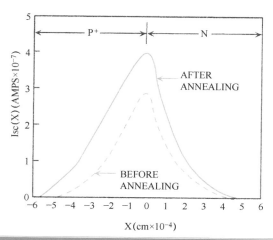

图 4.20　断面 EBIC 法的信号线型图

● 原理和装置结构。

SCM 在接触式 AFM 的装置结构上附加了在导电性探针和样品之间施加交流电压的功能和测定探针检测电容的电容传感器。因此，SCM 可以同时获取样品表面的凹凸和电容量变化。用于 SCM 测定的样品必须保持待测定剖面的清洁。

SCM 用剖面样品需要通过劈裂或研磨来制备。样品表面的划痕、异物、污染及凹凸会对电容量产生很大影响。为了用该方法进行高精度的测定，必须提高样品表面的平整度和清洁度。

横断面样品的制备方法基本上与横断面 TEM 样品相同，但为了达到 SCM 观测水准，表面需要使用胶体硅进行精密研磨。为了减少测量过程中电荷分布的不均匀性，需要将研磨后的表面在紫外线照射下加热，以形成均匀的自然氧化膜。

图 4.21（a）和图 4.21（b）分别显示了 SCM 测量的概念图和框图。探头的接触面形成了一个包括探头在内的 MOS 结构。Si 衬底表面的氧化膜一般是利用天然氧化膜。其中，氧化膜的电容 C_{ox} 是恒定的，不受施加的交流电压影响，而 C_{si} 的变化则取决于电压的方向。变化的量取决于载流子浓度，浓度越低，变化量越大。载体浓度可以通过下式估算[8]。

$$N_a = N_o [(C_{ox} / \Delta C) - 1]^2$$

其中 N_o 和 ΔC 分别是比例常数和从 SCM 数据中得到的总电容变化。方程（2）中的 N_o 和 C_{ox} 是由 SIMS 得到的 N_a 和测量的 ΔC 求得的。

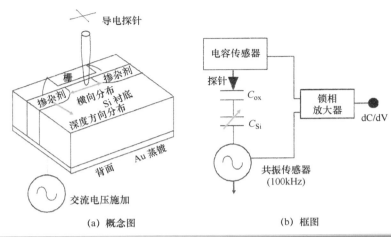

(a) 概念图   (b) 框图

图 4.21　SCM 测量概念图和框图

　　掺杂浓度的二维可视化是通过探针扫描时的电容变化实现的，同时还可以在 AFM 模式下获得样品纳米级的位置信息。

　　● 二维掺杂分布的定量分析例子。

　　在此介绍在实践中使用 SCM 定量分析硅中掺杂二维分布的方法，图 4.22 为其中一个

(a) 从 n-MOS 晶体管横截面获得的 SCM 图像

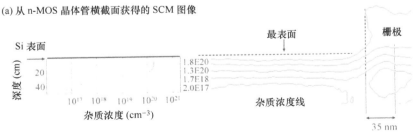

(b) 通过 SIMS 得到的一维深度方向分布　　(c) 用 SIMS 校准后的二维掺杂分布剖面图

图 4.22　硅中掺杂物的二维剖面定量分析

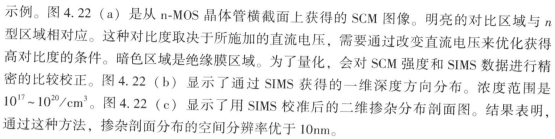

示例。图 4.22（a）是从 n-MOS 晶体管横截面上获得的 SCM 图像。明亮的对比区域与 n 型区域相对应。这种对比度取决于所施加的直流电压，需要通过改变直流电压来优化获得高对比度的条件。暗色区域是绝缘膜区域。为了量化，会对 SCM 强度和 SIMS 数据进行精密的比较校正。图 4.22（b）显示了通过 SIMS 获得的一维深度方向分布。浓度范围是 $10^{17} \sim 10^{20}/\mathrm{cm}^3$。图 4.22（c）显示了用 SIMS 校准后的二维掺杂分布剖面图。结果表明，通过这种方法，掺杂剖面分布的空间分辨率优于 10nm。

3）其他 PN 结分析方法。

还有其他 PN 结分析方法。染色刻蚀法通过化学刻蚀在外延片裂片的断面或激光器端面制造台阶，并使用 SEM 观察由凹凸引起的对比度，从而分析截面上的异质结和 PN 结。另一种方法（经常使用 FE-SEM）是让裂片的断面保持原样，将加速电压降低到大约 1kV，然后进行 SEM 观察。后一种方法根据掺杂浓度的不同，通过二次电子获得特殊对比度，现在可对 PN 结进行精密分析。

▶▶ 4.4.3　光学分析技术

光学分析技术通常指的是光致发光法分析，但在劣化分析中阐述的是观察劣化元件的发光部分，将劣化区域中出现的被称为"暗缺陷"的非发光部分可视化的技术。

1. 光致发光法（PL）

当直接迁移型半导体晶体如 GaAs 和 InP 被大于其基本吸收能量的光照射时，即气体激光器（如 Ar+ 和 Kr+ 离子激光器）或固体激光器（如 YAG：Nd 激光器），晶体内产生电子-空穴对。它们辐射复合，就会产生光致发光（PL）。

因此，当半导体晶体放在光学显微镜样品架上，从外部用激光通过显微镜照射晶体表面时，就会产生 PL 光。如果用摄像机根据其波长接收这种光进行光检测，就可以得到晶体中作为非辐射复合中心的缺陷，如位错、堆垛层错、析出物、包裹物等形貌图。这种方法被称为 PL 形貌（Photoluminescence Topography），可有效分析 GaAs 和 InP 等块状晶体中的位错分布，以及 InGaAsP/InP 和 AlGaAs/GaAs 双异质结构中的缺陷。

图 4.23 是一个 InGaAsP/InP 双异质结构的分析结果[9]，也是分析用 PL 图像观察系统示意图。YAG：Nd 激光器和 PbS-PbO 光导摄像管分别被用作光源和 PL 光检测。图 4.24 是通过该装置，在上述结构中观察到的交叉暗线（dark line）缺陷的 PL 图像。TEM 观察显示，这些缺陷是发生在最顶层的 InP 异质界面附近的失配位错[10]。这种方法下激光束可以被扩散到一定的大小，也可以被聚焦到尽可能小并在样品表面上进行扫描。

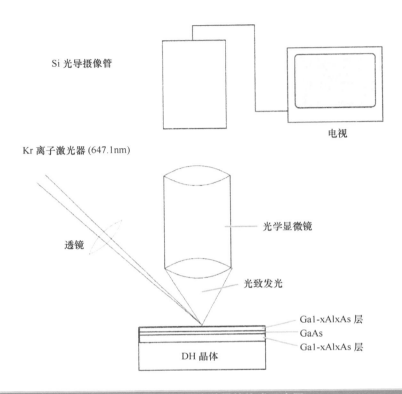

Si 光导摄像管

电视

Kr 离子激光器 (647.1nm)

光学显微镜

透镜

光致发光

Ga1-xAlxAs 层
GaAs
Ga1-xAlxAs 层

DH 晶体

图 4.23　PL 图像装置的构成示意图

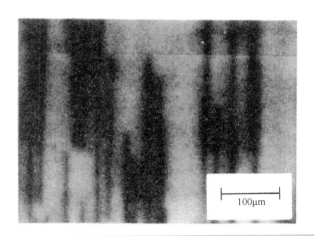

100μm

图 4.24　在 InGaAsP/InP 双异质结构中暗线的 PL 图像

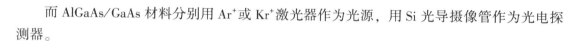

而 AlGaAs/GaAs 材料分别用 Ar⁺或 Kr⁺激光器作为光源，用 Si 光导摄像管作为光电探测器。

2. 阴极发光法（CL）

用电子束照射半导体晶体时，内部生成的少数载流子的辐射复合会导致发光。这种发光就是阴极发光（CL：Cathode Luminescenc）。这种 CL 光通过透镜、反射镜等光学系统聚焦，并经过光电倍增管（Photo-multi-Plier）、针式二极管等光电转换元件，投射到 CRT 上。此外，还可以通过分光器得到 CL 光谱。为了提高发光效率，需要用液态氮或液态氦冷却样品[11]。

该方法通常在 SEM 中使用，但也可以在 TEM 或扫描透射电子显微镜（STEM：Scanning Transmission Electron Microscope）模式下使用。在 TEM 中使用该方法时，由于聚光系统必须设置在样品附近，物镜和样品之间的空间（间隙）必须足够宽。这意味着必须在一定程度上降低 TEM 本身的分辨率。另外，虽然 CL 频谱可以在 TEM 模式下获得，但为了获得 CL 图像，TEM 必须配备 STEM 功能。使用 STEM/CL 有一个很大的优点，那就是可以同时获得关于缺陷结构和光学性质的信息。

例如，在发生多个位错的区域中，由于位错的性质各不相同，需要考虑到各个位错光学性质不同的情况。这时为了找出哪些类型的位错是非辐射复合中心，哪些类型的位错不可能是非辐射复合中心，首先需要在 TEM 模式同一视场的双波束条件下进行衍射对比实验，确定位错的伯格斯矢量，然后观察 CL 图像，检查每个位错位置所对应区域的对比度。

尽管在技术上非常困难，但通过 STEM/EBIC 方法可以阐明缺陷结构与电学性能之间的关系。

3. 平面 EBIC 方法（参见图 4.19（a）和（b））

平面 EBIC 法可对结晶中发生的缺陷进行分析。例如，当晶体中存在位错时，注入晶体内的电子生成的少数载流子会在位错核心处发生非辐射复合，导致位错线被观察为暗线缺陷（DLD：Dark Line Defect）[12]。堆垛层错和析出物等缺陷也通过相同机制被观察为暗缺陷（DD：Dark Defect）[13]。另外，当结晶中有掺杂分布（例如条纹）时，其分布反映在电子或空穴的扩散长度上，会出现微妙的对比度变化[14]。此外，进入晶体的电子的截面形状就像水滴一样，被称为"tear drop"，其穿透深度和最大直径取决于入射电子的加速电压。在 20kV 的加速电压下，在 GaAs 中直径为 2μm。

因此，使入射电子的加速电压从低电压逐渐变化到高电压，就可以了解从表面到内部的缺陷分布。图 4.25 显示了 SEM/EBIC 方法对液相外延生长的 InP 层进行分析的结果[15]。这时将加速电压改为 20kV、15kV、10kV，观察同一视场。DL1 中显示的缺陷在

20kV 下可以观察到，但在 15kV 或更低的电压下不能观察到，可以认为是内部缺陷。用 DL2 表示的缺陷在加速电压为 10kV 时可以观察到，但在 15kV 以上时没有观察到，推测是在表面附近发生的缺陷。根据这些观察结果，在表 4.1 中总结了在 EBIC 图像中观察到的缺陷和其深度方向位置，以及对应缺陷。将这种平面 EBIC 方法与刻蚀坑法和透射电子显微镜（TEM：Transmission Electron Microscope）等其他分析结果相结合，可以确定缺陷的结构和其与电学性能之间的关系。在平面 EBIC 方法中，分辨率基本取决于少数载流子的扩散长度，但在位错等缺陷附近，由于载流子的有效扩散长度缩短，分辨率会有所提高。这种方法最初用于分析块状样品，现在也可用于 TEM 或 STEM 模式分析。

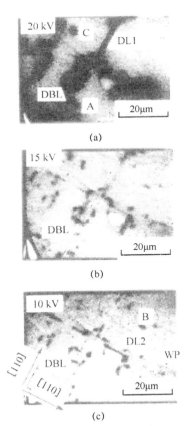

(a) ~ (c) 分别是在加速电压为 20kV、15kV 和 10kV 下得到的图像

图 4.25 液相外延生长的 InP 层分析的结果

表 4.1　在液相外延生长 InP 层的 EBIC 图像中观察到的缺陷和其深度方向位置，以及对应缺陷

观察到的缺陷	出现区域	对应缺陷
暗斑（DS）	晶体内部	贯穿位错，包裹物
暗线（DL）	晶体内部	失配位错
暗区（DR）	晶体表面	划痕
暗区（DR）	晶体表面	机械损伤
暗区（DR）	晶体内部	机械损伤
亮斑（BS）	晶体表面	孔
周边清晰的暗斑（DCS）	晶体表面	沾污
明线和暗线（DBL）	晶体表面	凹痕线
条纹（STR）	晶体内部	掺杂周期性分布
波浪纹（WP）	晶体表面	台阶

注：DS：Dark-spot，DL：Dark-Line DR：Dark-rcgion，BS：Bright-spot，DCS：Dark-dearspot DBL：Dark-and-brightline，STR：Striation，WP：xhve-shaped pattem

▶▶ 4.4.4　晶体学分析技术 1（刻蚀与光学显微镜的结合）

刻蚀的半导体晶体表面会出现反映晶体内缺陷的各种图案。通过微分干涉显微镜观察表面，可以以 $1\sim2\mu m$ 的分辨率明确缺陷种类、形态、密度和分布。以下将描述这种方法在各个缺陷上的应用。

1. 位错及其团簇

如前所述，这些缺陷可以通过不同材料的刻蚀液，在样品表面形成有芯的刻蚀坑。坑的形状根据材料和刻蚀液组合或表面取向的不同而不同，有圆锥状[16]、椭圆锥状[17]、三角锥状[18]和六角锥状[19]。在位错较密集的情况下，凹坑局部形成集团。一个凹坑对应一条位错，计算单位面积的凹坑数，即可求出位错密度。

然而值得注意的是，光学显微镜的分辨率约为 $1\mu m$，因此如果位错密度超过 $1\times10^6\ cm^{-2}$，例如 Si 衬底上生长的 GaAs 外延层[20]，凹坑可能会发生重叠，导致对位错密度的估值过低。这种情况应用 SEM[21] 或 TEM[22] 分析位错密度。

2. 堆垛层错

由于衬底表面污染等原因，这种缺陷在外延生长时经常出现在距离衬底和外延层界面的几个等效（111）平面上[23-25]。由于该缺陷伴随着部分位错，刻蚀使该部分位错表现为刻蚀坑[23]。特别是最初出现的凹坑在刻蚀进行后也没有完全消失，如果其形骸仍然存在，部分位错的线条就像投射到被刻蚀的表面上一样，对应于堆垛层错，可能会出现如等腰三角形的几何形状刻蚀图案[25]。

3. 倾斜晶界、反相界

这些缺陷要么发生在晶格常数明显不同的异质外延生长中，要么是各向异性的晶体生长在非各向异性的衬底上。这种情况下，位错一般沿着晶界和边界形成。因此，刻蚀显示出与这些边界和位错相对应的刻蚀槽和凹坑，可以识别出晶界和边界[26]。

除了这些缺陷外，通过在高、低、中温度下的三步热处理，在进行本征吸杂后的提拉法生长的掺氧硅晶体中，通过刻蚀出现了对应于氧析出物的没有核心的圆坑，这就是吸杂中心[27]。此外，在硅晶体中，当晶圆平面上有掺杂浓度分布时，会出现与分布相对应的同心圆状条纹图案，称为条纹（striation）[28]，可以通过微分干涉显微镜进行分析。

▶▶ 4.4.5 晶体学分析技术 2（透射电子显微镜（TEM））

1. TEM 的概要

最近开发了许多类型的 TEM，传统的 TEM 又称为 CTEM（Conventional TEM），是最重要的显微镜之一。它提供了大量晶体结构、缺陷相关信息（图 4.26）。

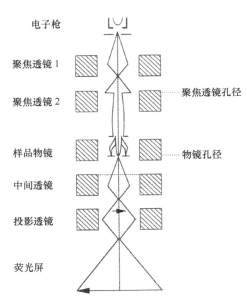

图 4.26 透射电子显微镜的构成示意图

在 TEM 中，具有均匀电流密度的电子束照射在薄片样品上。商用 TEM 的入射电子加速电压是 100kV、200kV 和 400kV，超高压 TEM 是 1~3MV。灯丝采用 LaB_6 芯片，想获得超高分辨率，就在超高真空下使用 W 芯片的灯丝，如电场发射型 TEM。通过两级会聚透镜，可以改变照射在样品上的电子束的会聚角度和电子束尺寸。样品后方的电子束经过物镜、中间透镜、投影透镜等几个透镜，最后被投射到荧光板上。过去，图像是通过设置在荧光板下方的电子显微镜专用胶片直接曝光来记录的，近年来全部采用 CCD 相机的数字成像。

电子通过弹性和非弹性散射（电子吸收）与原子发生更强的相互作用。因此样品必须非常薄。样品所需厚度取决于加速电压、样品密度、组成、所需分辨率等。100kV 的加速电压所需厚度为 $50nm \sim 0.5\mu m$。因此需要采用特殊的技术来减薄样品（见 2. 样品制备方法）。TEM 可获得非常高的分辨率。

这是因为弹性散射是在原子核的库仑势能占主导作用的区域内的相互作用过程，而非弹性散射是在更广阔的区域内发生的。其分辨率取决于电子的加速电压和透镜的像差系数，加速电压 200kV 的 TEM 分辨率为 $0.2 \sim 0.3nm$。TEM 的另一个优点是可以通过以下方式获得非常小的束斑，即 nm 探针：1）使用三级会聚透镜；2）在样品前放置一个微型透镜。一些最新的仪器探头直径最小达 0.3nm。使用该 nm 探针可以获得极其微小区域的电子衍射图像，并且可以通过增加 STEM 模式，获得 STEM 图像（透射电子图像）。另外，与 SEM 一样可以获得 SEM 图像、CL 和 EBIC 图像。

样品夹具有两种类型：顶部进料型和侧面进料型。前者主要用于高分辨率电子显微镜，后者用于分析电子显微镜。在实际的 TEM 观察中，必须精确设置衍射条件。这时必须倾斜样品。上述样品阀杆可以相对于 X 和 Y 轴倾斜 $10° \sim 60°$。有些样品夹具还具有附加功能，如加热、冷却、样品的拉伸和压缩变形。

2. 样品制备方法

TEM 样品的要求。

TEM 样品必须具备的条件大致有以下几点。

1）薄，能透过电子束。

2）表面平坦。

3）样品无损伤。

4）表面无污染、附着物等。

5）无翘曲。

关于 1），可被穿透的样品厚度在很大程度上取决于材料的类型和电子的加速电压。换言之，材料组成元素越轻，加速电压越高，可穿透样品的厚度越大。例如，使用加速电压为 200kV 的 TEM，能观察到硅样品厚度达到大约 $1\mu m$，砷化镓样品厚度达到 $0.5\mu m$。然而，在高分辨率的 TEM 中，由于电子吸收效应，除非样品厚度为 50nm 或更小，否则无法获得清晰的图像。

关于2），不言而喻，在初步的薄片制备阶段，样品表面理应被镜面研磨，但在随后通过化学刻蚀制备样品时必须特别注意。当半导体表面被化学刻蚀时，根据表面方位的不同，有时无法得到镜面。例如，当GaAs（111）A衬底用溴甲醇类的刻蚀液进行刻蚀时，会出现许多三角形的凹坑，使表面变得不平整。这种情况需要开发一种镜像刻蚀液或使用离子刻蚀。

关于3），可能有两种情况：一种是通过机械研磨等方式导入样品的机械损伤，即在TEM用样品制备的第一阶段机械研磨时，错误地导入粒径较大的研磨剂。可通过逐渐转移到粒径较小的磨料来避免错误。另一种是离子刻蚀时导入到样品内的损伤。离子刻蚀通常利用在真空中加速到0.5~5.0kV的Ar$^+$离子进行。半导体晶体，特别是InP、InSb、CdTe，通过离子束在晶体内导入了点缺陷团簇、伴随应变场的微缺陷、堆垛层错环等缺陷。这可能是由离子自身能量和刻蚀过程中样品的温度上升的协同效应造成的，有必要采取在最后阶段降低加速电压等对策。

关于4），有化学刻蚀过程会在样品表面形成的氧化膜和残留物，或者在离子刻蚀过程中特定元素的优先蒸发和溅射材料在样品表面的再沉积等。前者可以通过在刻蚀前用有机溶剂或稀氢氟酸彻底清洗样品表面来减少。后者特定元素的优先蒸发，在InP、InSb等含有P和Sb的材料中尤其明显，对于明场像等的观察是很大的障碍。对于这些问题，也需要采取3）中所述的对策。

关于5），是样品整体较薄时经常出现的问题。例如，从InGaAs/InP外延晶圆制备InGaAs的平面TEM样品时，必须通过选择性刻蚀去除InP衬底，并且必须进一步减薄InGaAs。在这种情况下，如果InGaAs层小于1μm，在选择性刻蚀后，最终打磨成薄片的样品粘贴在TEM样品用单孔网上后，会因黏合剂硬化时的畸变而翘起。另外，如果外延层与衬底之间存在晶格不匹配，选择性刻蚀后样品自身就会翘起。为了解决这一问题，制备样品时应在不进行选择性刻蚀的状况下使块状样品变薄。

最近，基于FIB加工的微采样法，已经能在较短时间内可靠地制造出薄片样品，用于截面TEM和平面TEM观察发光器件的劣化部特定区域。

3. 基于TEM的观察方法

（1）选区电子衍射（SAED：Selected Area Electron Diffraction）。

这是一种只将样品的一部分放入选区孔径，从中获得电子衍射图像的方法。普通TEM可选择数种视场孔径。TEM配备了会聚透镜孔径、物镜孔径以及视场限制孔径，在所有的带状Mo箔上，以相等间距开了数个十至几百μm直径的孔。

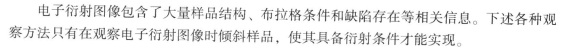

电子衍射图像包含了大量样品结构、布拉格条件和缺陷存在等相关信息。下述各种观察方法只有在观察电子衍射图像时倾斜样品，使其具备衍射条件才能实现。

（2）明场成像法（Bright Field Imaging）。

明场成像是最常用的仅使用透射波就能获得图像的方法。具体而言，通过将与透射波相对应的光斑（在电子束分析图像中心看到的 000 光斑或直射光斑）放入靶孔并返回到图像形成模式来获得图像。

1）双波束条件（Two-Beam Condition）。

这是最基本的布拉格条件，即仅激发一种基本反射的情况。这时在半导体这样的结晶中，得到的图像对应变场很敏感，可以分析出位错、位错环、堆垛层错、析出物等缺陷。位错的伯格斯矢量（Burgers Vector）也可以从几个不同的基本反射得到的明场像中确定。为了获得所需的布拉格条件，样品必须倾斜，以便将入射电子束从垂直于样品基本面的方向，例如（001）面，引导到特定方向。垂直于基本面的照射称为晶带轴照射（Zone-Axis Illumination）。晶带轴照射条件下得到的衍射像是由平面方向决定的，应用时请记住这一点。

图 4.27 显示出与金刚石结构中的低指数面相对应的衍射图像[29]。调整衍射条件时，可以将视场移向稍厚的区域（100nm 以上），以有效利用菊池线[30]。

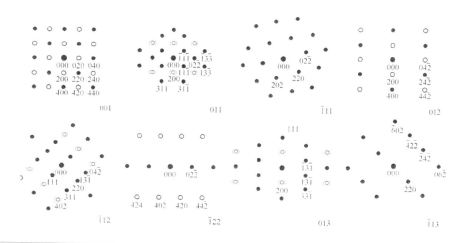

2）多波束条件（Multi-Beam Condition）。

这是通过晶带轴照射条件获得的，可等效激发从低阶到高阶的基波。由于不能适用消光条件，所得图像对伴随着的位错等应变缺陷不太敏感。但当①结晶中有板状析出物，

②衬底上生长着晶格常数和取向大不相同的结晶时，使用这种方法，能在这些区域观察到平行或旋转莫尔条纹。此外，InP 基 InGaAsP 晶体中形成的组分调制结构[31]可以在任意方向上观察到[32]。多晶体结构每个晶粒的方向是任意的，导致了各晶粒中的多束条件。

3）单波束条件（Quasi-Kinematic Condition）。

这是仅适用于透射波的条件，意味着没有衍射波被激发。具体来说，先将光束设定为某一基本面的晶带轴照射条件，之后观看衍射图像并将样品大幅度倾斜，利用菊池线将其带到没有衍射斑点出现的位置。也可以一边看菊池图一边进行。在这种情况下得到的图像不是由于衍射，而是由于电子吸收的差异。可有效用于分析如 GaAs 中的 As 晶体中产生的析出物[33]和空穴。

（3）暗场成像（Dark Field Imaging）。

暗场成像和明场成像一样，是最常用的方法，使用单一衍射波来获取图像。具体是通过物镜光阑选取电子束衍射图像中除 000 点以外的衍射点放入物镜孔中，并返回图像形成模式获取图像。然而，由于透镜像差的原因，衍射点离 000 点越远，图像在衍射矢量方向的偏转就越大。目前为了解决这个问题，所有 TEM 中的电子束都被附加了电学倾斜功能（Beam-Tilt）。电子束从明场图像模式切换到暗场图像模式并倾斜，直到所需的衍射光点位于 000 光点的位置，然后拍摄暗场图像。在这种情况下，所使用的衍射条件不同，就可以获得不同的信息。

1）双波束条件（Two-Beam Condition）。

这里与明场成像一节中描述的条件完全相同。从位错和位错环得到的衍射对比在明场和暗场图像之间是互补的。因此，在确定位错的伯格斯矢量时，应该对这些图像中的任意一个进行几种衍射条件的对比实验。对于堆垛层错，Hirsch 已经建立了根据动力学理论的图像解释，并且通过在双波束条件下拍摄明场和暗场图像得到的条纹对比，可以确定其性质（晶格间隙型或空位型）[34]。

2）多波束条件（Multi-Beam Condition）。

当晶体内形成由另一种具有不同结构、晶格参数或取向的晶体组成的析出物时，在多波束条件（即轴上照射条件）下的电子束衍射像中，除了基体（母晶体）外，还出现了与该析出物有关的衍射斑。从其中一个斑点得到的暗场图像中，只有析出物的区域被明亮地观察到，这样就可以确定析出物的形态和分布。析出物以外的缺陷会导致在衍射图像中有时也可以看到异常斑点。比如在 III-V 化合物半导体的异质界面上产生的孪晶。从这种外延晶体（110）截面获得的衍射图像中，在 000 点和 111 点之间的三分之一处出现了一个孪晶衍射花样。

图 4.28（a）是通过在（001）InP 衬底上的 MBE 生长的 GaAsSb 晶体得到的电子衍射图像[35]。在箭头所指的位置可以看到双晶造成的斑点[35]。图 4.28（b）显示了从其中一个斑点获得的暗场图像。在明亮的对比中可以看到微小的双晶。

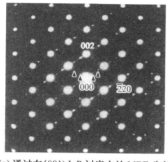

(a) 通过在(001) InP 衬底上的 MBE 生长
的 GaAsSb 晶体得到的电子衍射图像

(b) 从 (a) 中的双晶对应光斑获得的暗场图像

图 4.28　通过在（001）InP 衬底上的 MBE 生长的 GaAsSb 晶体得到的衍射图像

3）Weak-Beam 条件。

这种方法能够以高分辨率分析局部应变场，如位错网中的单个位错、扩展位错的宽度和微缺陷的形态。具体来说就是在强烈激发高阶反射，如被称为 4g 条件（g = 220）的强烈激发 880 反射的条件下，从较弱的 220 反射获得暗视场像。根据动力学理论，在通常的双波束条件下，对位错核心的宽度分辨率最多只能达到 5~20nm。不过由于在系统反射条件下从弱光束成像，该方法对局部应变场很敏感，位错核心图像可以分辨到 1.5~2nm[36]。然而，这种方法的问题包括：图像整体相当暗，难以聚焦；正常的明场图像需要 2~4 秒的曝光时间，该方法通常需要 10~30 秒的曝光时间，如果激发高阶反射，甚至需要更长时间，图像可能由于样品或样品夹具的漂移而移动导致模糊。图 4.29 显示了一个缺陷的例子，它对应于无氧 FZ-Si 内吸杂中的吸杂中心，用 Wake-Beam 方法进行观察[37]，可知这些缺陷是生长在几个等效（110）平面上的晶格间隙型多重位错环，以及在它们上面和内侧产生的 CuSi 析出物构成的三维缺陷集合体。以高分辨率能够观察个别位错和析出物。

（4）多波束晶格成像法。

多波束晶格成像法是利用入射波和多个衍射波成像的方法，通常是将电子束垂直入射（晶带轴照射）到样品上。在各电子波相位一致的适当衍射条件下，多波束晶格成像可以反映原子的排列，并在原子级上分析晶体。该方法可获取的信息包括异质界面的原子级结构，如晶格匹配状态、原子层阶梯、不均匀性；界面和体缺陷的微观结构，如位错、双晶、堆垛层错、析出物等。

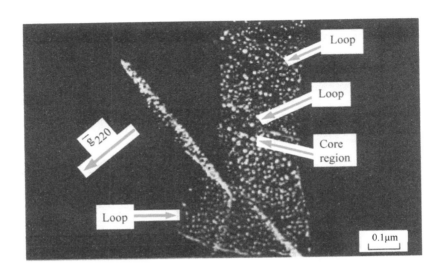

图 4.29　无氧 FZ-Si 内吸杂中的吸杂中心缺陷对应的 W. B. 暗场图像

4. 基于 TEM 的缺陷性质判定法。

在劣化的发光器件中，可以观察到由滑移或上升运动形成的位错及位错网络、由小位错环的上升运动形成的巨大位错环、堆垛层错等。本方法对阐明劣化机制非常重要。在此将根据上述方法所观察到的图像，阐述确定结晶中位错的伯格斯矢量及位错环性质的方法。

（1）位错的伯格斯矢量。

在 Si、GaAs 等金刚石结构或闪锌矿（Zinc-Blende）结构中，完全位错的伯格斯矢量（Burgers Vector）表示为（a/2）<110>，（a/2）<101>，或者（a/2）<011>。要确定位错具有上述哪种伯格斯矢量，只要在各种反射下拍摄明场或暗场图像，找到位错线对比度消失的一个或多个条件即可。在知道位错的滑移面和位错线方向的情况下，只需找到一个对比度消失条件即可。完全位错的消光条件通常由以下两个公式给出[38]。

$$\boldsymbol{g} \cdot \boldsymbol{b} = 0$$

$$\boldsymbol{g} \cdot \boldsymbol{b} \times \boldsymbol{\mu} = 0$$

其中 $\boldsymbol{g}$、$\boldsymbol{b}$ 和 $\boldsymbol{\mu}$ 分别是表示衍射矢量、伯格斯矢量和位错线方向的单位矢量。只有同时满足这两个条件，位错才会完全消失。第 2 式不是 0 时，可能会模糊地观察到错位线。在这种情况下，通过比较几个反射下得到的位错对比度，就可以判断哪个对比度是由消光条件引起的。

而在部分位错的情况下，上述条件不再成立。部分位错包括伯格斯矢量为（a/6）

<211>类型的肖克利部分位错[39]和（a/3）<111>类型的弗兰克部分位错[40]。前者是完全位错扩展并分裂成下述两个分量而形成的：

$$(a/2)\,[1\bar{1}0] \rightarrow (a/6)\,[1\,2V1] + (a/6)\,[2\bar{1}\bar{1}]$$

两种情况下位错都伴随堆垛层错。另外，$g \cdot b$ 的值完全位错时为整数，而在部分位错的情况下，它是一个分数，例如±1/3、±2/3、±4/3。当 $g \cdot b$ =±1/3 时，位错的图像会消失[41]。

（2）位错环的性质。

位错环分为由空位凝聚形成的空位型环和由晶格间原子凝聚形成的晶格间隙型环，还有在（a/2）<011>伯格斯矢量内没有堆垛层错的棱柱环（Prismatic Loop）和在（a/3）<111>伯格斯矢量内有堆垛层错的弗兰克环（Frank Loop）。在化合物半导体材料中，这些缺陷都在晶体生长过程中形成。

要判断位错环是哪种类型，就必须检查其伯格斯矢量相对于电子束是朝上侧还是朝下侧。进行这种判断时需要注意 TEM 图像被记录到印相纸上的方向。我们在这里讨论的情况是，记录图像的方向与它在电子显微镜的荧光板上实际出现的方向相同。当伯格斯矢量相对于电子束向上时，图像被确定为间隙型；向下时，图像被确定为空位型。为了确定位错环的伯格斯矢量及其方向，必须研究几种衍射条件下的对比。要点如下。

1）找到对比度消失的反射。半导体衬底的面朝向通常是（001）面，这种情况下是220、220、400 和 040 基本反射。棱柱环和弗兰克环分别在（011）和（111）平面形成，因此前者在 400 或 040 反射下消失，后者在 220 或 220 反射下消失。然而在这一点上，只能找到一个失去对比度的反射，所以有四种可能的伯格斯矢量。

2）进行 Inside-Outside 对比度实验[44]。这是为了观察在不同的衍射条件下，位错环的对比度是增大还是减小。也就是说，当（$g \cdot b$）s>0 时，位错环的对比度显示为外侧对比度，该环变得更大。当（$g \cdot b$）s<0 时，显示的是内部对比度，即环变得更小。其中，s 是表示与布拉格条件的偏离参数，在双波束条件中，基本反射点侧的菊池线[30]，即 E 线，在与基本反射对应的衍射斑点的外侧为正，在内侧为负。因此，利用位错环的可见反射，在下列条件中观察位错环大小的变化即可。

①使 g 恒定，s 为正或负。

②使 s 恒定（正或负），衍射矢量取+g 或-g。

这种方法将可能的伯格斯矢量限定为两个。其他衬底的面方位可以根据该方法确定环性质。

3）确定位错环所处的平面。这可以通过立体投影法来确定。由于位错环的伯格斯矢量的方向可以通过这种方法唯一地确定，其性质也可以被确定[45,46]。

▶▶ 4.4.6 化学组成分析技术

化学组成分析的方法有能量色散型 X 射线光谱法（EDX：Energe Disspersive X-ray Spectroscopy）和对轻元素有效的俄歇电子光谱法（AES）等，在此只介绍 EDX 法。

EDX 法是通过 Li 扩散型 Si-pin 二极管检测样品产生的特征 X 射线来分析晶体组成的方法（图 4.30）。样品产生的 X 射线入射到直径为 3~5mm 的 Si（Li）pin 二极管（反向偏压约为 1kV）的有源层，生成与其能量成比例的电子空穴对（$N=Ex/Ei$，N 为电子空穴对的数量，Ex、Ei 分别为 X 射线和电子空穴对的生成能量）。通过 FET 将所产生的电荷脉冲转换为电压脉冲，即一个 X 射线被一个电压脉冲所取代。具有不同脉冲高度的脉冲被依次输出、分类、存储在存储器中，最终通过多通道分析仪（MCA）获取并显示能量谱，其中 0~10V 的脉冲高度被 AD 转换为数字 0-512 或 0-1024，每个数字是 512 或 1024 通道存储器的地址。相当于一个通道具有一定范围能量的 X 射线的计数。能量分辨率为 100~150eV。

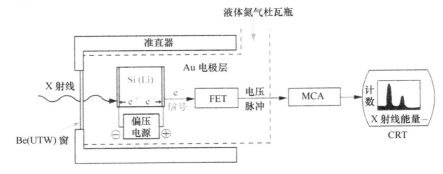

图 4.30 EDX 结构示意图

4.5 化合物半导体发光器件缺陷及失效分析流程图

在 4.4 节中详细描述了发光器件劣化分析所需的重要技术。本节将先介绍劣化分析的流程图，再沿此流程图结合实例对具体程序进行说明。

▶▶ 4.5.1 流程图概要

图 4.31 是发光器件劣化分析的流程图。

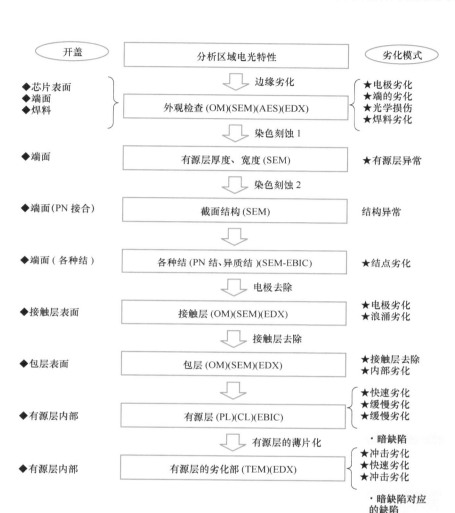

图 4.31 发光器件劣化分析的流程图

中央部分展示了劣化分析的各个工序。其中"有源层厚度、宽度""截面结构"以及"各种结"工序是半导体激光器固有的工序，LED 则可以跳过。在各个工序中，需要预处理工序的会在连接部分标注。例如开盖是外观检查的一个预处理步骤。另外，也在工序名的后面附加了各个工序应使用的分析技术。例如，外观检测方面包括 OM、SEM、AES、EDX 四种技术。

接着，在各个工序的左侧明确记载了各个工序中应解析的区域，并且在各个工序的右侧记载了解析何种劣化模式。在实际的劣化分析中，这些工序没有必要全部进行，重要的是根据劣化元件的劣化状况，适当地选择应该采用的分析工序。另外，如果同一种类的分析数据较多，也可以只根据一小部分分析结果确定劣化模式。

▶▶ 4.5.2　电光分析

发光器件劣化分析的对象是以下各个阶段的劣化元件：

1）器件制造商在设备开发阶段对样品进行性能测试和寿命测试。

2）器件制造商在电子设备上安装芯片或封装品后的实机测试。

3）安装到产品上后，在现场（客户）系统或电子设备发生故障时。

这些情况大概率会留下劣化之前的电学特性和光学特性分析的历史数据。这些数据对阐明劣化机制很重要，应尽可能多地收集。至少初始特性和劣化后的特性是必不可少的。

▶▶ 4.5.3　外观检查（OM、SEM、AES、SEM/EDX）

劣化分析的第一步是外观检查。分析技术包括微分干涉显微镜、扫描电子显微镜（SEM）、俄歇电子光谱法（AES）和能量色散 X 射线分析（EDX）等。检查的对象是芯片表面和焊料（焊接区），在检查对象是半导体激光器的情况下端面也是检查对象。

令人惊讶的是，大量的劣化模式可以通过这种外观检查发现。首先，如果观察电极表面，部分电极可能变色或被破坏。这些对应于所谓的电极劣化，可能是由于 ESD 等的破坏，或由于浪涌电流引起的电极/半导体反应造成的晶体破坏。其次，在半导体激光器的情况下，观察端面（也称为镜像表面或反射表面）。用微分干涉显微镜和可在高放大倍率下观察的 SEM 进行分析。

图 4.32 是因 COD（光学损伤）而劣化的 InGaAsP/InGaPDH 激光器（$\lambda = 780\text{nm}$）劣

SEM

2μm

图 4.32　因 COD（光学损伤）而劣化的 InGaAsP/InGaPDH 激光器劣化后端面的 SEM 图像

化后端面的 SEM 图像。箭头所指的区域对应于有源层，在这里可以观察到线型暗色对比度。在 SEM 图像中，如果表面有凹陷，电子束产生的一些二次电子会在凹痕内散射，探测器接收到的二次电子量也会相应减少，图像会出现暗色。可能是有源层的端面部分发生了 COD，导致结晶部分熔融、蒸发，从而形成了这样的凹陷。不过凹陷形成与否取决于 COD 的程度，并不一定会被观察到。

此外，端面表面的保护膜可能使其难以观察。图 4.33 是用 SEM/EDX 分析因 ESD（反向施加高压）而劣化的 InGaAsP/InP 嵌入式激光器的截面例子。图 4.33（a）是 SEM 图像，有源层是条纹区域下面的白色对比区域。从有源层到电极区域，可以观察到大面积被破坏的区域。另外，在 P 的分布图像（图 4.33（b））中也可以清楚地观察到由于 P 的蒸发而缺少的区域。我们认为 PN 结在反方向的快速击穿和耗尽层的扩大是造成焦耳热和晶体熔化的原因。

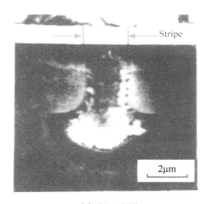 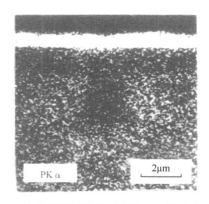

(a) SEM 图像

(b) 使用 P 的特征 X 射线的 EDX 绘图图像，对应于 (a) 中的区域，观察到以有源层为中心的 P 蒸发痕迹

图 4.33　因反向 ESD 的劣化 InGaAsP/InP 嵌入式激光器的 SEM/EDX 分析

▶▶ 4.5.4　有源层的厚度、宽度分析（SEM，FIB/SIM）

半导体激光器劣化的部分原因有：1）有源层的几何形状异常；2）有源层的相对位置异常，特别是在嵌入式激光器的情况下。在这个过程中，有源层横截面的几何形状和其与周围环境的相对位置被分析。具体来说，激光器的端面用选择性刻蚀剂仅在有源层上刻蚀几秒钟，然后进行 SEM 观察。作为示例，在图 4.34 中显示了对 InGaAsP/InP 类 VSB 激光器进行选择性刻蚀的截面 SEM 观察结果。这被称为染色刻蚀。本例中的刻蚀剂是 HNO_3/HF。该溶液的特点是刻蚀 InGaAsP 而不刻蚀 InP。图 4.34（a）是这种激光器的横截面示

意图。有源层呈月牙状。图 4.34 （b）是该激光器刻蚀后的横截面 SEM 图像。在该图像中，不仅是有源层，所有的 InGaAsP 层都被清楚地观察到。

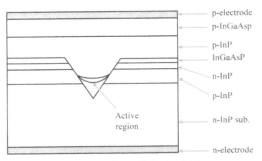

(a) VSB 激光器的横截面示意图

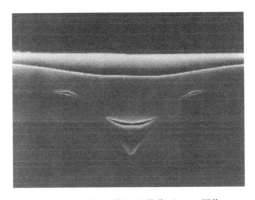

(b) 激光器刻蚀后的横截面 SEM 图像

图 4.34　VSB 激光器截面的染色刻蚀示例 1

▶▶ 4.5.5　截面结构（SEM、FIB/SIM）

图 4.34 所示的染色刻蚀只能可视化有源层，但无法分析 InP 层的 PN 结。因此，过去一直采用的是通过 SEM 观察使 GaAs 等 PN 结可视化的刻蚀法[47]。该方法采用以下配方制备刻蚀剂，在室温下进行光照的同时进行刻蚀。

刻蚀配方：1g $K_3Fe(CN)_6$，1g KOH，10 ml H_2O

然而即使采用这种方法，也无法得到令人满意的 p-InP/n-InP 结界面。笔者在研究改进方案时，注意到将安装在封装框架上的激光元件连同框架一起用这种方法刻蚀后，结果如图 4.35 所示，对比度非常清晰（遗憾的是无法获得实际照片）。p-InP 层的对比度较暗，n-InP 层的对比度较亮，可能是安装时受到附近 Au 镀膜的影响。因此，在通过晶体生长已制成激光器结构的晶圆上，①蒸镀 Au②裂解③染色刻蚀，然后观察截面 SEM，得到了同样的图像。可能是因为溶解在液体中的 Au 离子（+）仅吸附在 N 层的表面（带负电），导致刻蚀受阻，与正常刻蚀的 P 层间出现了台阶。

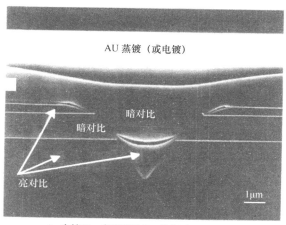

AU 蒸镀（或电镀）

Au 电镀后，实施用于 PN 结检测的染色刻蚀

图 4.35　VSB 激光器截面的染色刻蚀示例 2

▶▶ 4.5.6　各结（异质结、PN 结）的分析（SEM/EBIC、SSRM 等）

在 4.5.4 小节和 4.5.5 小节所述的染色刻蚀法中，虽然通过 SEM 观察进行分析，但由于需要观察由刻蚀表面的台阶引起的对比度，空间分辨率是有极限的。前面已经提到 SEM/EBIC 方法和各种 SPM 方法（SSRM 等）可以以更高的分辨率来观察 PN 结。这里将概述相对简便的 SEM/EBIC 方法在嵌入式激光器的应用。

幸运的是，在半导体激光器中，由于元件本身是 PN 结二极管，在没有极端劣化的情况下可以直接用作 EBIC 样品。另外，半导体激光器有一个被劈开的端面，这使横截面的 EBIC 图像观察成为可能。此外，如果横截面结构是像嵌入式激光器一样复杂的 PN 结结构，其形状可以在二维空间中观察到。因此，对于下述正常的和发生劣化的元件，通过观察截面 EBIC 图像并进行比较，可以确定劣化部位。

1）长时间通电也几乎没有劣化的元件。

2）劣化率稍高的元件。

3）急速劣化的元件。

首先，在 1）正常元件的 EBIC 截面中，可以左右对称地观察到由构成嵌入层的区域的 PN 结引起的明暗对比。但对于如 2）和 3）那样的劣化元件，由于 i）台面侧壁部 PN 结和 ii）电流狭窄区 PN 结中注入载流子的非辐射复合导致的缺陷扩散，PN 结或多或少劣化，预计对应于 i）、ii）区域的 EBIC 模式将消失。

用这种方法进行截面 PN 结分析时，需要考虑以下几点。该方法是基于从样品表面入射电子束后，晶体内部载流子（空穴电子对）的行为信息，可以分析的现象距晶体表面最高数 μm。因此，半导体激光器中，这种方法的目标现象仅限于沿条纹方向均匀发生的劣化现象，或在激光器端面附近发生的劣化现象。

▶▶ 4.5.7　接触层分析（OM、SEM、FIB/SIM、SEM/EDX）

从该工序开始，需要破坏劣化元件。图 4.36 中将该工序到最后的结晶学分析（TEM/EDX）的样品处理（破坏分析）工序应用于 InGaAsP/InP 类 LED（芯片与激光器一样，安装时 p 侧朝下）。在本工序以后，每次将引用该图说明预处理法。

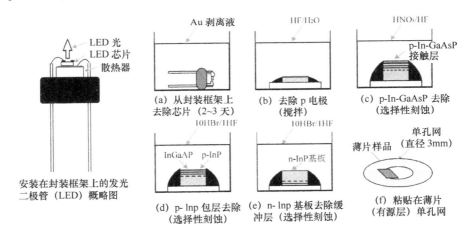

图 4.36　取出 InGaAsP/InP 类 LED 芯片到制作 TEM 样品的工序示例

4.5.3 小节中所述的外观检查工序中，当发现电极表面有反应痕等异常时，为了观察最上层接触层表面是否也存在异常，将进行预处理工序。预处理工序首先需要将芯片从封装框架上取下。可以加热整个封装框架取下芯片，但最好是避免使用这种方法。不加热到 350℃ 以上，芯片就无法取出，但这时电极金属，特别是 Au，会与半导体发生反应，反应层的存在可能使后续分析变得困难。最好的方法是将芯片长时间浸泡在 Au 剥离液（氰化物类药品，使用时需特别注意）中。只需几天，Au 就会完全溶解，芯片就能顺利取出。芯片 P 侧表面会残留 Ti 膜。将芯片用阿匹松蜡（电子材料用的黑色蜡）固定在样品台上，在 HF/H_2O 溶液中搅拌 30s，可以使 HF 渗透到 Ti 膜和晶体界面之间，去除 Ti 膜。

　　图 4.37 是使用该方法，在大电流脉冲测试中劣化的 InGaAsP/InP 类 DH 激光器剥离 Ti 电极的 p-InGaAsP 接触层表面的微分干涉显微镜图像。在任何情况下 TI 膜的大部分都能被剥离。结果可知，条纹区域外有数处电极金属 Au 和结晶在表面反应的痕迹（反应痕）（通过 EDX 从反应痕中检测出相当量的 Au）[48]。如上所述，该工序可以检测与电极有关的劣化，如电极劣化和浪涌电流造成的劣化。

(a)

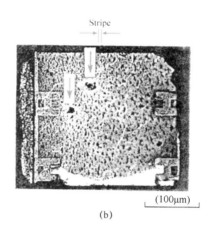
(100μm)
(b)

图 4.37　由于施加大电流脉冲而劣化的 InGaAsP/InP 类 DH 激光器接触层表面的光学显微镜图像

▶▶ 4.5.8　包层分析（OM、SEM、FIB/SIM、SEM/EDX）

　　在 4.5.7 小节所述工序之后，最上面的 p⁺-InGaAsP 接触层被移除，以检查缺陷（如反应痕）是否延伸到包层。这种情况适合采用选择性刻蚀。具体就是用只能刻蚀 InGaAsP 的 HF/HNO_3 溶液去除接触层。如果在电极和接触层表面，甚至在包层表面都没有异常，那么很有可能是内部（有源层）发生了劣化。如果是这种情况，就要采取下一步措施。

▶▶ 4.5.9　有源层的发光模式观察（PL、EL、SEM/CL、SEM/EBIC）

　　在该工序观察有源层的发光模式。在经历了快速（急速）劣化或冲击劣化的发光器件中，大多数情况下可以在发光区域发现异常。即可以观察到被称为暗缺陷的非发光区域。当慢速劣化被加速时，也可能出现暗区。前文已经描述了观察这些暗缺陷的几种方法。下面将介绍用这些方法观察劣化器件发光区域的例子，也会探讨观察时应注意的要点。

图4.38（a）是一个快速劣化的AlGaAs/GaAs DH激光器发光区的PL TEM分析结果。在这种情况下，4.5.8小节所述的工序之后，从外部通过窗口层的 p⁻ 包层激发有源层，用CCD相机观察来自激光器发光的图像。PL图像观察与CL观察一样，优点是可以观察到在条纹区域之外的有源层。在条纹区域的内部和外部都能看到暗缺陷，如暗线和暗斑。图4.39（a）是观察快速劣化的AlGaAs/GaAs DH LED的发光区域的EL图像的示例[49]。LED与半导体激光器不同，可以在LED仍然安装在封装框架上时通电来观察其发光模式。图4.40（a）是对AlGaAs/GaAs DH激光器进行EL观察的例子[50]。在这种情况下，我们推测实验的键合是在 p 电极侧朝上的状态下进行的。然而，由于正常的激光器是在 p 电极侧朝下的情况下进行键合的，观察PL图像需要取下芯片，将其颠倒过来再进行键合。最近为了避免这种情况，也有将芯片从背面研磨后，再重新黏合以观察的。这种情况的难点在于，除非通过研磨去除大量的衬底（剩下几 μm），否则EL图像是模糊的。

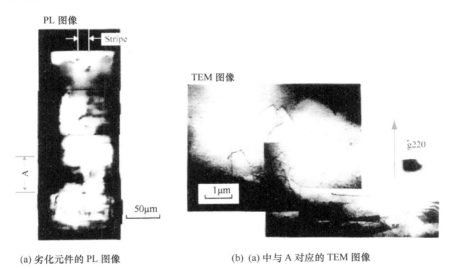

(a) 劣化元件的PL图像　　　　(b) (a)中与A对应的TEM图像

图4.38　快速劣化的AlGaAs/GaAs DH激光器发光区的PL/TEM分析结果

图4.41为嵌入式InGaAsP/InP激光器的APC通电劣化元件的EL图像观察示例。这种情况应该是从 p 电极侧观察（取下芯片后颠倒再重新粘接）。在条纹中观察到暗缺陷。

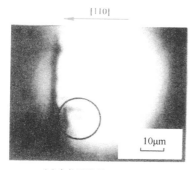

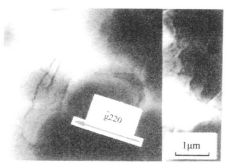

(a)劣化器件的 EL 图像   (b)对应于(a)中圆圈标记区域的 TEM 图像

图 4.39   快速劣化的 AlGaAs/GaAs DH LED 的 EL/TEM 分析结果

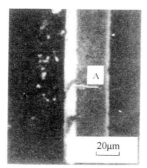

(a) 劣化元件的 EL 图像

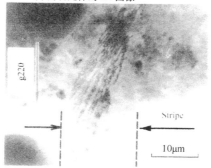

(b)对应于(a)中 A 处的 TEM 图像

图 4.40   快速劣化的 AlGaAs/GaAs DH 激光器的 EL/TEM 分析结果

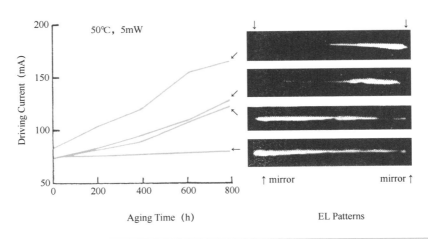

图 4.41　嵌入式 InGaAsP/InP 激光器的 APC 通电劣化元件的 EL 图像观察结果

▶▶ 4.5.10　有源层劣化部分的结晶学分析（TEM/EDX、STEM/EDX）

当观察到劣化元件的发光部有暗缺陷时，必须从结晶学上分析该缺陷对应于何种晶格缺陷并明确劣化机制。最合适的方法是 TEM。该工序包括 2 个步骤：1）制备有源层的薄片；2）用 TEM 分析有源层中暗缺陷所对应的区域。在图 4.38 中，由于可以进行选择性刻蚀，p-InP 包层在 10HBr/1HF 溶液中被选择性刻蚀，然后用相同溶液去除所有衬底。将剩下的有源层贴在 TEM 单孔网上。如果该层仍然很厚，可以通过离子刻蚀进一步减薄到 0.2μm。在不能进行选择性刻蚀的情况下，可以使用离子刻蚀，但很难获得一个平坦的薄样品，而且也很难大面积地减薄。最近通过 FIB（微观取样法）制造平面 TEM 样品变得相对容易。用这种方法得到的样品的观察结果如图 4.38（b）、图 4.39（b）和图 4.40（b）所示。可以看出，劣化区的 TEM 观察最适合使用平面 TEM 在双波束条件下进行明场图像观察，也可以根据需要进行横断面或高分辨率观察。

以上根据发光器件劣化分析的流程图概述了各个工序要点。在实际的劣化分析中，不一定要全部进行这些工序。根据劣化元件的劣化历史、外观检查、暗缺陷形状、位置等，也可以一定程度上推测出劣化原因。在这个意义上，积累同一器件的劣化分析数据也很重要。

 专栏：高速增长的 VCSEL 市场，可靠性没问题？不！

VCSEL 是 Virtical Cavity Surface Emitting Laser 的缩写，被称为垂直腔面发射激光器。

它是东京工业大学名誉教授伊贺的发明。它与传统的 Edge Emitters（端面发光 LD）不同，主要特点是光源无限接近圆形，低耗电量、可量产、价格低廉。进入 21 世纪后，在美国企业的研究开发人员的努力下，悬而未决的长期可靠性总算得到保证，最终实现了商业化的前景，在美国和欧洲的部分地区陆续实现了产品化。特别是近 10 年来，其应用大幅扩大，供货芯片数量也呈爆发式增长。有的厂家一年能卖出几亿个。在日本，目前虽然有企业在生产内部产品，但几乎没有企业能够规模化售卖。

VCSEL 最初是作为中短距离通信（高速光通信，如 4Gbit/s、10Gbit/s 和 25Gbit/s）的关键部件而开发的。后来，除了服务器间和板卡间的传输，其应用迅速扩大，还包括打印机、各种光学传感器、鼠标、编码器、三维图像处理设备、医疗设备的光源等。最近它们还被用于 iPhone X 的 FaceID 和 AirPods 的光源。

VCSEL 已经开始在我们身边被广泛使用，但是它的可靠性真的没问题吗？在 VCSEL 中，被称为 DBR 的衍射光栅层在有源层上下堆积了几十层。这些 DBR 层目前仅限于 AlGaAs/GaAs（$\lambda=850$nm）材料系统，可以通过与衬底的晶格匹配来实现。然而，与其他系统相比，这种材料系统在可靠性方面有一些困难：①如果有源层中存在哪怕是一个位错，它就会吸收光能并增殖，导致急速劣化。②ESD 的击穿水平非常低。另外，即使位错存在于发光区域之外，它也可能在很长一段时间内逐渐接近发光区域，最终导致急速劣化（突然失效）。因此，在用 VCSEL 组装各种光学模块和电子设备时，必须密切注意安装时的芯片处理，并在安装后适当进行烧机试验，以防止失效。

▶▶ **第 4 章练习题**

问题 1：劣化发光器件的暗缺陷观察
下列方法中，哪个不适合观察劣化的发光器件中的暗缺陷？
（1）PL （2）EL
（3）CL （4）SCM
（5）平面 EBIC

问题 2：劣化部位的暗缺陷的结构分析
以下哪种技术可用于分析劣化部位暗缺陷的微观结构？
（1）刻蚀坑法 （2）EDX
（3）TEM （4）SEM
（5）X 射线形貌术

问题 3：透射电子显微镜样品的要求
以下哪项技术不是对透射电子显微镜样品的要求？

（1）薄到能穿透电子线（0.02~0.2mm）（2）不受离子等的损害

（3）抗劈裂　　　　　　　　　　（4）无表面污染、沉积物（附着物）等

（5）表面平整

练习题的答案见本书最后。

第4章缩略语表		
缩略语	全拼	对应中文
AFM	Atomic Force Microscope	原子力显微镜
AES	Auger Electron Spectroscopy	俄歇电子能谱
CL	Cathode Luminescence	阴极射线发光
DLTS	Deep Level Transient Spectroscopy	深能级瞬态谱
EBIC	Electron Beam Induced Current	电子束感应电流
EL	Electro luminescence	电致发光
EDX 或 EDS	Energy Dispersive X-ray Spectroscopy	能量色散 X 射线光谱
ESD	Electro Static Discharge	静电放电
FIB	Focused Ion Beam	聚焦离子束
KFM	Kelvin Force Microscopy	开尔文力显微镜
PL	Photo luminescence	光致发光
SAED	Selected Area Electron Diffraction	选区电子衍射
SCM	Scanning Capacitance Microscope	扫描电容显微镜
SIM	Scanning Ion Microscope	扫描离子显微镜
SSRM	Scanning Spreading Resistance Microscope	扫描扩展电阻显微镜
STEM	Scanning TEM	扫描透射电子显微镜
STS	Scanning Tunneling Spectroscopy	扫描隧道谱
TEM	Transmission Electron Microscope	透射电子显微镜

▶▶ 第 4 章参考文献

[1]　K. Kondo, O. Ueda, S. Isozumi, S. Yamakoshi, K. Akita, and T. Kotani : *IEEE Trans. Elect. Device* ED-30, 321（1983）.

[2]　M. Meneghini, C. de Santi, N. Trivellin, K. Orita, S. Takigawa, T. Tanaka, D. Ueda, G. Meneghesso, E. Zanoni : *Appl. Phys. Let*. 99, 093506（2011）.

[3]　W. H. Hackett, Jr., *J. Appl. Phys*., 43（1972）1649.

[4]　K. Yamazaki and S. Nakajima : *Japan. J. Appl. Phys*., 33（1994）3743.

[5]　M. Tanimoto and O. Vatel : *J. Vac. Sci Technol*., B14（1996）1547.

[6]　P. De Wolf, M. Geva, T. Hantschel, W. Vandervorst, and R. B. Bylsma : *Appl. Phys. Lett.*, 73 (1998) 2155.

[7]　J. Matey and J. Blanc, *J. Appl. Phys.*, 47 (1985) 1437.

[8]　A. Erickson, L. Sadwick, G. Neubauer, J. Kopanski, and M. Rogers : *J. Electron. Materials.*, 25 (1996) 301.

[9]　A. Yamaguchi, S. Komiya, Y. Nishitani, and K. Akita : *Japan. J. Appl. Phys.*, Supplement 19-3 (1980) 341.

[10]　O. Ueda, S. Komiya, S. Yamazaki, Y. Kishi, I. Umebu, and T. Kotani : *Japan. J. Appl. Phys.*, 23 (1984) 836.

[11]　B. Wakefield : *Inst. Phys. Conf. Ser.*, 67 (1983) 315.

[12]　A. Ourmazd and G. R. Booker : *Phys. Stat. Solid.*, 55 (1979) 771.

[13]　S. Albin, R. Lambert, S. M. Davidson, and M. I. J. Beale : *Inst. Phys. Conf. Ser.*, 67 (1983) 241.

[14]　A. J. R. de Kock, S. D. Ferris, L. C. Kimerling, and H. J. Leamy : *J. Appl. Phys.*, 48 (1977) 301.

[15]　O. Ueda, I. Umebu, S. Yamakoshi, K. Oinuma, T. Kaneda, and T. Kotani : *J. Electron Microscopy* (Japan), 33 (1984) 1.

[16]　S. Komiya and K. Nakajima : *J. Crystal Growth*, 48 (1980) 403.

[17]　F. Secco d' Aragona, *J. Electrochem. Soc.*, 119 (1972) 948.

[18]　E. Sirtl and A. Adler, *Z. Metallkd.*, 52 (1972) 948.

[19]　J. G. Grabmaier and C. B. Watson : *Phys. Stat. Sol.*, 32 (1969) K13.

[20]　N. Otsuka, C. Choi, Y. Nakamura, S. Nagakura, R. Fischer, C. K. Peng, and H. Morkoc : *Appl. Phys. Lett.*, 49 (1986) 277.

[21]　T. Nishioka, Y. Ito, A. Yamamoto, and M. Yamaguchi : *Appl. Phys. Lett.*, 51 (1987) 1928.

[22]　D. J. Stirland : *Appl. Phys. Lett.*, 53 (1988) 2432.

[23]　杉田 :『応用物理』, 46 (1977) 1056.

[24]　P. L. Giles, D. J. Stirland, P. D. Augustus, M. C. Hales, N. B. Hasdell, and P. Davis : *Inst. Phys. Conf. Ser.* 56 (1981) 669.

[25]　T. Kotani, O. Ueda, K. Akita, Y. Nishitani, T. Kusunoki, and O. Ryuzan : *J. Crystal Growth*, 38 (1977) 85.

[26]　K. Mizuguchi, N. Hayafuji, S. Ochi, T. Murotani, and K. Fujikawa : *J. Crystal Growth* 77 (1986) 509.

[27]　K. Nauka, J. Lagowski, H. C. Gatos, and O. Ueda : *J. Appl. Phys.*, 60 (1986) 615.

[28]　M. W. Jenkins : *J. Electrochem Soc.*, 124 (1977) 757.

[29]　K. W. Andrews, D. J. Dyson, and S. R. Keown : "Interpretation of Electron Diffraction Patterns", *Plenum Press*, New York, 1988.

[30]　M. Komura, S. Kojima, and T. Ichinokawa : *J. Phys. Soc. Japan*, 33 (1972) 1415.

[31]　O. Ueda, S. Isozumi, and S. Komiya : *Japan. J. Appl. Phys.*, 23 (1984) L241.

[32]　桑野他：特定研究「混晶エレクトロニクス」第 7 回研究会論文集，p.61.

[33]　O. Ueda, J. Lagowski, and H. C. Gatos, unpublished.

[34]　A. Art, R. Gevers, and S. Amelinckx : *Phys. Stat. Sol*, 3(1963)697.

[35]　上田他：「昭和 63 年秋季応用物理学会予稿集」，4a-Y-3.

[36]　D. J. Cockayne : *J. Microsc*. 98（1973）116.

[37]　O. Ueda, K. Nauka, J. Lagowski, and H. C. Gatos : *J. Appl. Phys*., 60（1986）622.

[38]　P. B. Hirsch, A. Howie, and M. J. Whelan, *Philos. Trans. Roy. Soc*. London, A252（1960）499.

[39]　R. D. Heidenreich and W. Shockley : *Bristol Conf., Phys. Soc*., London.

[40]　F. C. Frank and J. F. Nicholas : *Philos. Mag*., 44（1953）1213.

[41]　R. Gevers : *Phys. Stat. Sol*., 3（1963）415.

[42]　G. Thomas and J. Washburn : *Rev. Mod. Phys*., 35（1963）992.

[43]　D. Laister and G. M. Jenkins : *Philos. Mag*., 23（1971）1077.

[44]　D. J. Mazey, R. B. Barns, and A. Howie : *Philos. Mag*., 7（1962）1861.

[45]　T. Kamejima, J. Matsui, Y. Seki, and H. Watanabe : *J. Appl. Phys*., 50（1979）3312.

[46]　O. Ueda, S. Komiya, and S. Isozumi : *Japan. J. Appl. Phys*., 23（1984）L394.

[47]　R. E. Ewing and D. K. Smith : *J. Appl. Phys*., 39（1968）5943.

[48]　O. Ueda, H. Imai, A. Yamaguchi, S. Komiya, I. Umebu, and T. Kotani : *J. Appl. Phys*., 55（1984）665.

[49]　O. Ueda, S. Isozumi, S. Yamakoshi, and T. Kotani : *J. Appl. Phys*., 50（1979）765.

[50]　P. M. Petroff and R. L. Hartman : *Appl. Phys. Lett*., 23（1973）469.

作者介绍

益田昭彦，1940 年生。电气通信大学工学博士。

在日本电气股份有限公司从事通信设备的生产技术、质量管理和可靠性技术相关工作（总公司首席工程师）。曾任帝京科学大学教授、帝京科学大学研究生院主任教授、日本可靠性学会副会长、IEC/TC56 可靠性国内专门委员会委员长等。

现为可靠性七大工具（R7）实践工作室代表、技术顾问。

曾获工业标准化经济产业大臣表彰、日本品质管理学会品质技术奖、日本可靠性学会奖励奖，以及 IEEE Reliability Japan Chapter Award（2007 年可靠性技术成就奖）。

铃木和幸，1950 年生。东京工业大学研究生院工学博士。

电气通信大学名誉教授、电气通信大学研究生院信息理工学研究科特聘教授。

曾获 Wilcoxon 奖（美国质量协会、美国统计学会，1999 年）、戴明奖（2014 年）。

二川清，1949 年出生。大阪大学研究生院基础工学研究科工学博士。

在 NEC 和 NEC 电子从事半导体可靠性和失效分析技术的实际业务和研究开发。

曾任大阪大学特聘教授、金泽工业大学客座教授、日本可靠性学会副会长等职。现任芝浦工业大学兼职讲师。

荣获可靠性技术功劳奖（IEEE 可靠性部门日本分部）、推荐报文奖、奖励报文奖（均为日本科联可靠性及维护性研讨会）、论文奖（激光器学会）等。

堀笼教夫，1940 年生。东京商船大学（现东京海洋大学）毕业。东京海洋大学名誉教授、工学博士。

荣获日本舶用机关学会（现日本海洋工程学会）土光奖，是电子信息通信学会研究员。

上田修，1950 年出生，东京大学工学部物理工学科工学博士。

1974—2005 年，在富士通研究所（股份有限公司）从事半导体中晶格缺陷的分析，以及半导体发光器件、电子器件劣化机制阐明的研究。

2005—2019 年，在金泽工业大学研究生院工学研究科任教授。现为明治大学客座教授。

荣获 2003 年第 51 届电气科学技术奖励奖（欧姆技术奖），2007 年第 1 届应用物理学会会员，2010 年 APEX/JJAP 编辑贡献奖（应用物理学会）。

山本秀和，1956 年出生。北海道大学研究生院工学研究科电气工学博士。

曾在三菱电机从事 Si-LSI 及功率器件的研究开发。

现任千叶工业大学教授，从事功率器件和功率器件产品的分析技术研究。

曾任北海道大学客座教授、功率器件赋能协会理事、新金属协会硅晶体分析技术国际标准审议委员会委员长、新金属协会半导体供应链研究会副委员长等。

练习题答案

第 2 章练习题答案

问题 1：封装部件的失效分析

（3）LIT

问题 2：芯片部件的无损分析方法

（4）OBIRCH

问题 3：芯片部件的物理化学分析

（5）STEM

第 3 章练习题答案

问题 1：载流子浓度的测量

（2）DLTS

问题 2：结构缺陷的测量（由晶体无序导致的晶体缺陷）

（3）μ-PCD

问题 3：对硅中的碳进行高灵敏度的测量

（4）PL

第 4 章练习题答案

问题 1：劣化发光器件的暗缺陷观察

（4）SCM

问题 2：劣化部位的暗缺陷的结构分析

（3）TEM

问题 3：透射电子显微镜样品的要求

（3）抗劈裂